恋する化石

「男」と「女」の古生物学

土屋 健

絵 ツク之助

監修

千葉謙太郎
田中康平
前田晴良
冨田武照
木村由莉
神谷隆宏

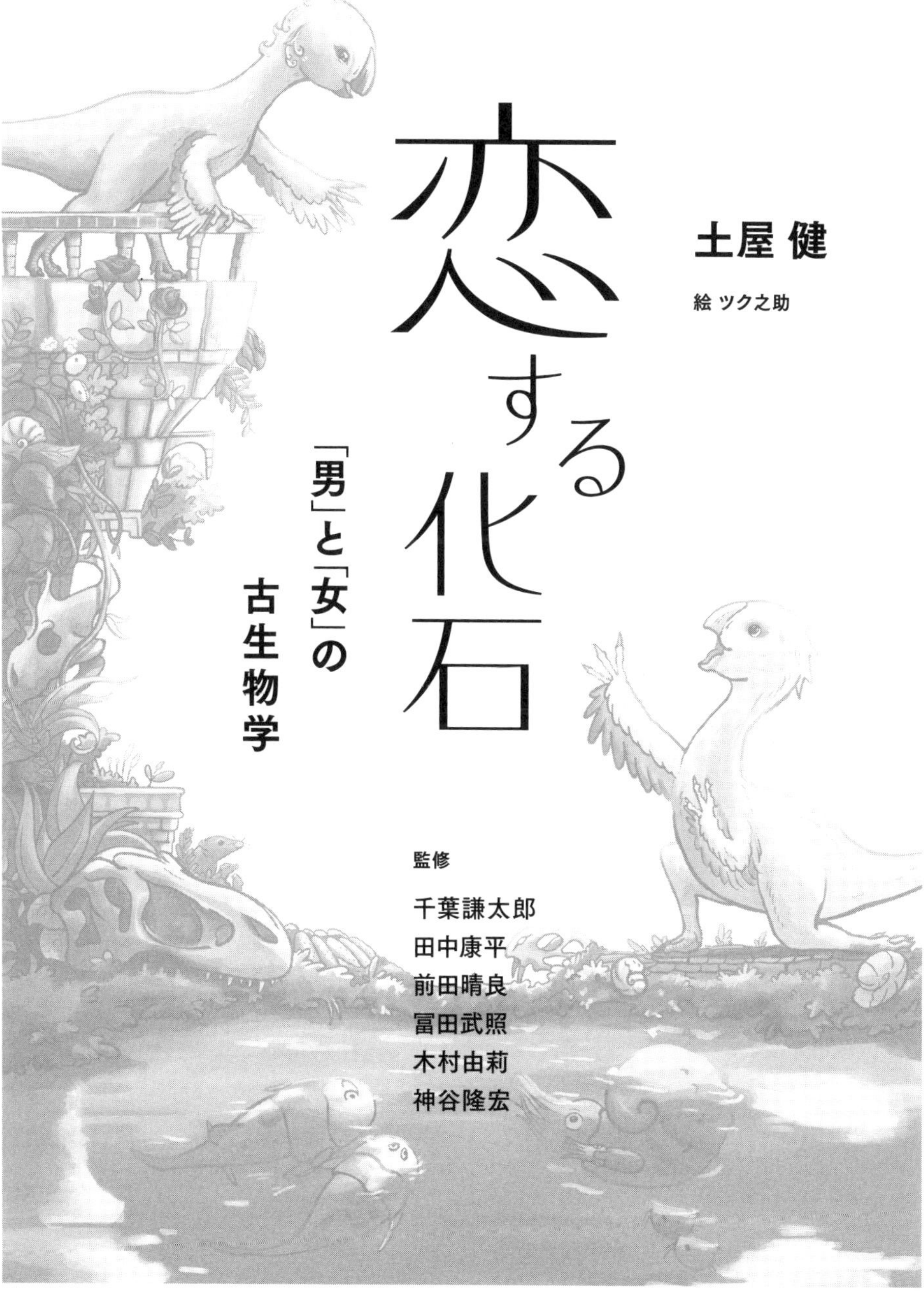

ブックマン社

もくじ

Chapter 1

恐竜の章①

Chapter 2

恐竜の章②

Chapter 3

アンモナイトの章

Chapter 4

Chapter 5

Chapter
6

介形虫の章 ～交尾姿勢と精子が決める進化～

Chapter

1

恐竜の章 ①

～ 恐竜たちの男《オス》と女《メス》 ～

それは、天地開闢《かいびゃく》の神話だ。

日本創世期には、「神世七代」と呼ばれる神々がいたという。

最初の3代は、国常立尊《くにのとこたちのみこと》、国狭槌尊《くにのさつちのみこと》、豊斟渟尊《とよくむぬのみこと》の3柱。いずれも男性神で、〝自然に生まれた〟とされる。

次の4代は、泥土煮尊《ういじにのみこと》から伊弉冉尊《いざなみのみこと》に至る4代8柱。この4代8柱は男性神と女性神がペアとなっている。

神世七代の7代目にあたる伊弉諾尊《いざなぎのみこと》と伊弉冉尊が登場すると、話は大きく動き出す。この2柱は海水を凝り固め、そこにできた島に降り立った。初めての〝神の降臨〟だ。そしてその島で、相手のからだにある〝自分にはないところ〟を合わせ、そして、多くの子を産んでいく。この初期の子どもたちが、日本列島の島々とされる。

つまり、日本列島は、男性神だけ、あるいは、女性神だけでは誕生しなかった。両性そろうことで、初めてつくられたという。これは、『日本書紀』の一節だ。

こんな神話もある。

世界は、神によって7日間で創造された。

神は1日目に光をつくり、2日目に天空をつくった。3日目に大地と植物を、4日目には太陽、月、星をつくった。5日目になると、水棲動物と鳥をつくった。そして、6日目に陸棲動物とヒトをつくり、7日目を休日とした。

6日目にヒトをつくるとき、神は自分の姿に似せて、男をつくった。そして、その男の助手として、男の肋骨から女をつくったとされる。

男の名をアダム、女の名をイブという。おそらく世界で最も有名な男女だろう。『旧約聖書』の一節である。

当初、彼らはエデンの楽園で平和に暮らす。互いに裸で、しかし恥じることもなく、エデンの楽園を耕し、守るだけの暮らしをしていた。

話が動き出すきっかけは、禁じられた知恵の果実を食べたこと。彼らは裸であることを恥じ、自らの股間をイチジクの葉で隠すようになった。股間を隠したのは、そこに性器があるからだろう。

つまり、知恵をつけた二人は、最初に性を意識したのだ。そして神の怒りに触れ、楽園を追放される。放逐された二人が最初に行ったのは、子づくりだった。イブは身ごもって、カインを産み、そしてアベルを産んだ。

……こうして、話の主役が神からヒトへと移っていく。

洋の東西を問わず、神話のはじまりに男女の記述がある。

『日本書紀』や『旧約聖書』に限らない。エジプト、ギリシア、インド……。世界各地の神話には、男性神と女性神が登場するものが多い。古来より、人々がいかに「男」と「女」に関心があったのかがよくわかる。


世界には、「男」と「女」がいる。

当然、「男」と「女」がいるのは、ヒトだけではない。

イヌにもネコにもライオンにも男と女……雄と雌がいる。ハトにも、ワニにも、カエルにも、サメにも雌雄はある。

雄と雌があり、そして、雄と雌が交わり、子が生まれる。

この星に暮らす多くの生命はこの営みによって命を紡ぎ、個体数と種数を増やしてきた。

科学的にみれば、雌雄による有性生殖を採用したからこそ、現在の地球生命の多様性がある。無性生殖は、いわば「コピーの生産」であり、個体差さえ生みにくい。有性生殖は、父と母、両方から遺伝子を引き継ぐため、完全なるコピーにはなり得ず、結果として、多様性がつくられていく。事実、現在の地球に存在する数百万種の動物のほとんどに性が存在する。

もしも、太古から現在に至るまで一つの性しか存在しなければ、地球はもっとツマラナイ世界だったはずだ。もちろん、今、この本を読んでいるあなたも存在しない。

では、「性」は、いつから存在するのだろうか？

神話の時代よりも遥か昔、そもそもこの星が生まれたのは、今から約46億年前のこととされている。この時代は、「性の存在」どころか、「生命の存在」さえも怪しい。

２０１７年に東京大学大学院の田代貴志たちが発表した研究によると、約39億５０００万年前には「生命」が存在したようだ。しかし、これは化学的な証拠によるもので、その生命の姿はわからない。生命の姿がはっきりとわかるのは、約35億年前になってから。このときの生命は、１ミリメートルに満たない糸くずのような姿をしていた。「シアノバクテリア」と呼ばれる単細胞生物だ。単細胞生物には、性は存在しない。性を有するのは多細胞生物である。

性器一つをとっても、多数の細胞でできている。２０１０年にスウェーデン自然史博物館のアブデラザック・エル・アルバーニたちが報告したところによると、多細胞生物の最古の記録は、約21億年前にまで遡るという。ただし、この生物に性があったかどうかは、謎に包まれている。

本書では、神秘に包まれた「性の歴史」に、「古生物学」という科学の視点から迫る。

伊弉諾尊と伊弉冉尊、アダムとイブ……。神話の時代でさえ認識されていたとされる「性差」は、生命史のどの時点で生まれたのか。そして、雄と雌はどのような「性の営み」を行ってきたのか。

この謎を解く手がかりとなるのが、「化石」である。古生物学の研究対象だ。

化石は、過去の生物の遺骸だ。約35億年前のシアノバクテリアも、約21億年前の多細胞生物も、その存在は化石があったからこそ確認された。太古の性にまつわる謎も、化石が鍵を握っている。


これからあなたを、「太古の性」をめぐる旅に案内しよう。


「化石」と聞いて、あなたは、どのような生き物を思い浮かべただろう?

人気いちばん。化石を残した生物として、圧倒的な知名度を誇る動物群から、謎解きを始めよう。

「恐竜」である。

かつて地球を賑やかに彩っていた恐竜たちにも、その多様性を支えた雄と雌の営みがあったはずだ。あなたが図鑑で、テレビで、映画館で、博物館で、どこかで見たあの恐竜も、雄か雌であったはず。

しかし、化石になってしまった恐竜の性別を見分けることはできるのだろうか?

まずは、〝雄の証〟探しから進めていくとしよう。

恐竜のペニスは、化石に残らない

目の前の恐竜化石が、雄なのか、雌なのか。

難題である。

なぜなら、性別を決定する「生殖器」が、恐竜化石には残っていないのだ。

そもそも動物が死んで化石となるためには、地中に埋もれなければいけない。ペニスに限らず、筋肉や内臓といった〝やわらかい組織〟は、ほとんどの場合、この過程で分解され、失われてしまう。

では、一度視点を変えて、軟体部を確認できる現生の近縁の動物からみてみよう。

恐竜類に近縁とされるワニ類には、現生種をみると左右の後ろ脚の付け根の間に、亀裂の入ったイボ状の突起のある個体がいる。突起物の長さは、通常時においては10センチメートルほど。この奥に細長い陰茎《ペニス》が格納されている。〝必要なとき〟になると、この突起が割れて、そこからペニスが顔を出す。

つまり、このイボ状突起をもつ個体が雄だ。

ただ残念ながら、このイボ状突起も、ペニスも、化石に残らない。そのため、太古のワニもそうであったかはわからない。

もうひとつ、参考になる動物がいる。

現在、私たちが日常的に目にしている鳥たちは、実は恐竜類を構成するグループの一つである。つまり、見方によっては、恐竜は絶滅していない、ともいえる。そんな恐竜類の〝生き残り〟である鳥類では、雌雄をどのように見分けているのだろう？

アメリカ、イェール大学のリチャード・O・プラムが著した『美の進化』（白揚社／原題：『The Evolution of Beauty』）によると、現生鳥類の実に97パーセントの種は、雄であってもペニスをもたないそうだ。そのため、例えば、電線にとまるスズメを見て、その性別を特定することはかなり難しい。ニワトリの雛《ひな》の性別を鑑定する技術があれば、一定の収入が見込めるほどである。ちなみに、ペニスをもたない鳥類は「総排泄孔」と呼ばれる孔《あな》をくっつけあうことによって、雄が雌に精子を渡す。

〝雄の証〟はないが、一方で、多くの鳥類では雄が喉の羽根を膨らませたり、巣や「あずまや」と呼ばれる交尾のための構築物をつくったり、自分の収集物を披露したり、さまざまな手段を用いて雌に自分をアピールする。その行動を観察していれば、自ずと雌雄がみえてくる。あるいは、産卵の現場を目撃できれば、それが雌であることは明らかである。

しかし、絶滅した恐竜類に対してはこの手法は使えない。「行動」を化石から推測することは、至難であるからだ。

ペニスの存在が確認できない。繁殖に関わる行動も観察できない。では、化石となった恐竜類の性をどのように特定するのか？

ここで重要になってくるのが、「性的二型」である。

性的二型（「性的二形」とも書く）は、雌雄で異なる形のことをいう。

例えば、インドクジャクの鮮やかな羽根、ライオンの立派な鬣《たてがみ》、ヘラジカの2メートルに及ぶ巨大なツノ。これらはいずれも「雄の特徴」であり、雌にはない。

私たちヒトだって、雄（男）と雌（女）で姿にちがいがある。男にはペニスがあり、女は乳房と尻が発達している。また、女は男よりも広くて浅い骨盤をもち、妊娠と出産に対応したからだつきとなっている。

こうした雄と雌の「形のちがい」を恐竜類の化石に見いだすことはできないか。

多くの研究者が、性的二型の解析に挑んできた。

かねてより注目されていたのは、「プロトケラトプス（***Protoceratops***）」だ。モンゴルの中生代白亜紀後期の地層から化石が発見されている植物食の恐竜である。

プロトケラトプスは全長（鼻先から尾の先までの長さ）2・5メートルほどで、1923年にその名がつけられた。「角竜類《つのりゅうるい》」というグループに分類されるものの、同じ角竜類で知名度の高いトリケラトプスのような長いツノはもっていない。眼窩《がんか》の前に小さな突起があり、吻部《ふんぶ》の先端にはオウムのそれのような形をしたクチバシがあり、頬は左右に突出し、後頭部では骨が広がってフリルをつくる。

モンゴルでは、このプロトケラトプスの化石が数多く発見されている。しかも、ほぼ完全体でみつかった良質な化石が多い。大きな生物の化石は全身が丸ごと発掘されることはほとんどなく、骨1本から種名がつけられることも少なくない。多くの種が部分的な化石だけで知られるなか、「ほぼ完全体」がいくつもそろっているプロトケラトプスは、異例の存在といえる。あまりにも完全体でみつかることが多いため、そのイメージがヨーロッパに伝わって、怪異の「グリフォン」のモデルになったのではないか、との説もあるほどである（このグリフォン説に関しては、技術評論社より上梓した拙著『怪異古生物考』を参考にされたい）。

良質な化石標本が多数あると、さまざまな研究が進む。

1940年には、化石ハンターのバーナム・ブラウンと、アメリカのブルックリン大学に所属するエ

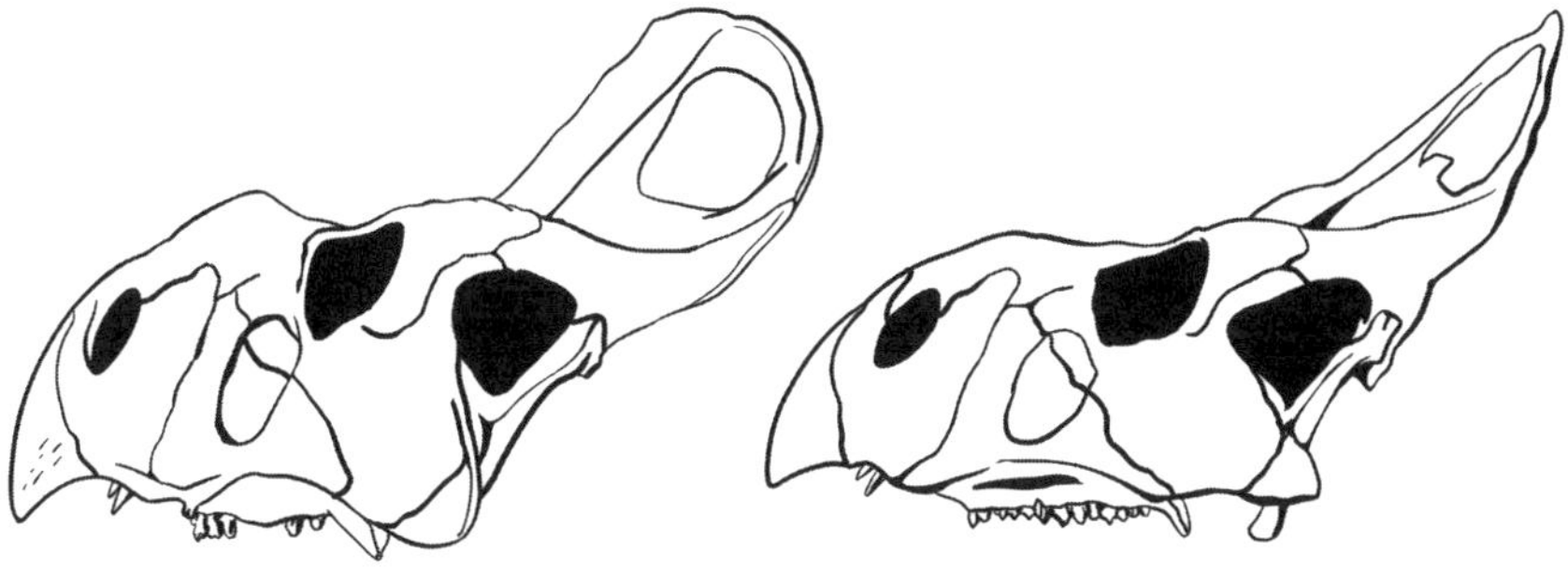

プロトケラトプス（成体）の頭骨。左は雄のもの、右は雌のものと推定された。Brown and Schlaikjer（1940）とDodson（1976）を参考に作図。

リック・マーレン・シュライカーによって、プロトケラトプスの詳細な研究が発表されている。

この研究では、プロトケラトプスにおける幼体から成体までの成長段階が示されたほか、フリルと眼窩前の突起に性的二型がある可能性が指摘された。フリルが発達し、眼窩前の突起の周辺が盛り上がる個体と、そうではない個体があったのだ。

ブラウンとシュライカーは前者を雄、後者を雌と推定した。

プロトケラトプスのこうした特徴は、アメリカ、ペンシルヴァニア大学のピーター・ドッドソンによってしっかりと測定され、「性的二型を示すことが確認された」として1976年発表の論文にまとめられた。ドッドソンが測定の対象としたプロトケラトプスは、24個体。分析の結果、24個体中8個体が性差の確認ができない幼体で、残る16個体のうち8個体が雄、7個体が雌、1個体が性別不明であったという。

ブラウンとシュライカーの指摘は、ドッドソンによる数値データと、その統計解析によって裏づけられたことになる。

ドッドソンの研究はその後も大きく注目され、恐竜類の性的二型に関する研究では、たびたび引用されるようになった。

1997年にアメリカの国立スミソニアン自然史博物館に所属するラルフ・E・チャップマンたちがまとめたさまざまな恐竜類の性的二型に関する論文や、2004年に刊行された恐竜学の教科書的な存在である『THE DINOSAURIA』第2版においてもドッドソンの研究が紹介されている。2015年に刊行された『恐竜学入門――かたち・生態・絶滅』（東京化学同人／原題：『DINOSAURS A Concise Natural History 2ed』2012年刊）では、「性的二型を示す強力な証拠といえる」と紹介された。

また、『恐竜学入門』では、プロトケラトプスのフリルの発達は、成体の75パーセントほどのサイズにまで成長してからみられることに言及し、性成熟との関係が指摘されている。幼体になく、成体にあるのであれば、生殖活動に関連したものである可能性が高いからだ。性差が如実に現れるのは、ヒトを含む多くの動物にとって成熟後、つまり、オトナになってからなのである。

70年以上にわたって、プロトケラトプスのフリルと眼窩前突起の周辺の特徴は、多くの研究者によって性的二型の好例とみなされてきた。

プロトケラトプスをはじめ、角竜類にはほかにも性的二型をもつようにみえる種類がたくさんいる。大小さまざまなツノ、シンプルからド派手まであらゆる装飾を発達させたフリル……。むしろ、角竜類全体からみれば、プロトケラトプスのツノやフリルはおとなしめであるとさえいえる。インドクジャクの羽根がそうであるように、もっと派手でわかりやすい性的二型を発達させたものがいても不思議ではない。

1990年に刊行された『THE DINOSAURIA』第1版では、角竜類の性的二型の例として、「トリケラトプス（*Triceratops*）」と「カスモサウルス（*Chasmosaurus*）」の名前が挙げられている。

トリケラトプスは角竜類の代表的な存在だ。アメリカとカナダからその化石は発見されている。四足で歩く植物食恐竜であり、大きなものでは全長は8メートル、体重は9トンに達する。鼻先と両眼の上の合計3か所に大小のツノを発達させ、後頭部には大きなフリルがある。

トリケラトプスの名をもつ種は、『THE DINOSAURIA』第1版が刊行された当時、約15種いるとの見方があった。トリケラトプス・フラベラトゥス（*T. flabellatus*）やトリケラトプス・セラットゥス（*T. serratus*）というように、「トリケラトプス・〇〇〇」という種が多数存在していたとの研究があったのだ。学術的には、この「トリケラトプス」の部分は「属名」と呼ばれ、「〇〇〇」の部分は「種小名」

と呼ばれる。属名が同じで、種小名が異なるということは、極めて近縁だけれども、別種であるということを意味している。

しかし同書では、まず、トリケラトプス属について、「トリケラトプス・ホリダス（***Triceratops horridus***）の1種のみで構成されていた」可能性を示したうえで、その1種のなかで、鼻先のツノのサイズと伸びる方向にちがいをみることができると指摘した。そのちがいは、性的二型を表しているという。つまり、同属内に約15種もいるとされた多様性は、実は「雄と雌の性差」（そうでないものは「個体差」）だったというのである。

一方のカスモサウルスは、トリケラトプ

トリケラトプス・ホリダス。角竜類の“代表”。トリケラトプス属には、性的二型が確認できると指摘された。しかし……（本文ののちのページ参照）

スの半分ほどの大きさの角竜類で、こちらも複数の種が確認されている。このうち、「カスモサウルス・マリスカレンシス（***Chasmosaurus mariscalensis***）」は、アメリカのテキサス州から大量の化石が発見されている。調査の結果、そのなかに鼻先のツノが大きくまっすぐ屹立《きつりつ》しているものと、曲がっているものがあったという。そして、前者のツノをもつ個体は雄であり、後者は雌であると解釈された。なお、本種の名前は2006年に「アグジャケラトプス・マリスカレンシス（***Agujaceratops mariscalensis***）」に変更されている。

角竜類におけるこうした「ツノの性的二型」は、1997年に刊行された『DINOFEST INTERNATIONAL』、2004年の『THE DINOSAURIA』第2版などでも紹介されている。また、2015年刊行の『恐竜学入門』などでは、フリルにも性的二型をみることができるとしている。

角竜類のツノやフリルが性的二型であるというのなら、議論をさらに発展させることができそうだ。なにしろ恐竜類には、角竜類以外にも似たような特徴をもつ種がたくさんいる。

多くの研究者が注目したのは、ランベオサウルス類のトサカだった。

ランベオサウルス類は、「鳥脚類《ちょうきゃくるい》」という、より大きなグループに属している。鳥脚類は植物食性のグループであり、基本的には四足歩行をするものの、種と場合によっては二足歩行をすることもあったとされる。ちなみに、「鳥」という文字がグループ名に使われてはいるが、鳥類と祖先・子孫の関係があるわけではない。鳥類が恐竜類の一部であることは確かだが、鳥脚類と鳥類はかなり遠縁である。

鳥脚類で知名度の高い恐竜といえば、「最初に研究された恐竜」として知られるイグアノドンのほか、当時日本領であった樺太（現ロシア連邦サハリン）で日本人が初めて発見し、研究したニッポノサウルス、北海道で全身の8割の骨が発掘され話題となったカムイサウルス（通称、むかわ竜）などを挙げることができる。

これらの恐竜は、見た目としてはかなり地味である。ティラノサウルスのような強大で力強い顎《あご》をもたず、角竜類のようなフリルもツノもない。しかし、そんな鳥脚類にも、一目見てそれとわかる特徴をもった恐竜たちがいた。

その鳥脚類のグループこそが、「ランベオサウルス類」である。

ランベオサウルス類の恐竜たちは、種類によって特徴的なトサカをもつものが多かった。そして、そのトサカに「性的二型があるのではないか」と指摘された。

チャップマンたちの1997年の論文では、「おそらく性的二型である」として、「パラサウロロフス（***Parasaurolophus***）」のある特徴が挙げられている。

パラサウロロフスは全長7・5メートルのランベオサウルス類で、頭部の前面から後頭部に向かって

パラサウロロフス。ランベオサウルス類の“代表”。そのトサカは、性的二型ではないか、との指摘がある。

伸びる筒状の骨製のトサカがあった。トサカの内部は空洞になっており、鼻腔までつながっている。そのため、鼻から吐いた息をトサカに送り込むことで、管楽器のオーボエのような低い音を出すことができたのではないか、とされている。このトサカの有無、あるいは大小が、性によって異なっていたかもしれない。

また、プロトケラトプスの例で紹介した「成長にともなって獲得された特徴」が性的二型の特徴であるとしたら、全長8メートルの「コリトサウルス（***Corythosaurus***）」や、同サイズの「ヒパクロサウルス（***Hypacrosaurus***）」、全長7・5メートルの「ランベオサウルス（***Lambeosaurus***）」などのランベオサウルス類がもつトサカもまさにそれに当てはまる。カナダのロイヤル・オンタリオ博物館に所属するディヴィッド・C・エヴァンスによって、コリトサウルスとヒパクロサウルスのトサカが成長にともなって発達したものであることが2010年に指摘されているのだ。

　ただしその論文では、具体的にどのようなトサカをもつものが雄、あるいは雌であるか、ということには言及されていない。

恋の選択権は、雌が握っている

　生物学には、「性選択」という言葉がある。あるいは、「性淘汰《とうた》」とも呼ばれる。どちらも英語の「Sexual selection」の訳語で、この二つの言葉は同義だ。

　本章の監修者である岡山理科大学の千葉謙太郎は、本書における筆者の取材で、角竜類のフリルやツノ、ランベオサウルス類のトサカといった特徴が、性選択の結果である可能性を指摘した。

コリトサウルス。そのトサカは、成長にともなって発達したとされる。性的二型であるかどうかは不明。

そもそも性選択とは、「進化論」で有名なイギリスの自然科学者、チャールズ・ダーウィンが提唱したものだ。

性選択は、1871年に発表された『人間の由来』で初めて説かれた。

ダーウィンは、同書のなかで「繁殖との関連のみにおいて、ある個体が、同種に属する同性の他の個体よりも有利に立つことから生じる淘汰である」（『人間の由来（上）』講談社学術文庫より引用）と書いている。

現在では、ダーウィンの同著のほかにも、性選択に関する良書がいくつもある。例えば、アメリカ、カリフォルニア大学ロサンゼルス校のジャレド・ダイアモンドが著した『人間の性はなぜ奇妙に進化したのか』（草思社文庫　※『セックスはなぜ楽しいか』より改題／原題：『Why Is Sex Fun?』）と、プラムの『美の進化』が詳しい。ここでは、この2冊も参考にしながら、性選択についてまとめておこう。

先ほどのダーウィンの言葉をわかりやすく言い換えると、性選択は交尾、つまり、配偶者獲得の成功率に関係するメカニズムである。もっと簡単に言うなら、「モテるかどうか」に関係する。

さらに誤解を恐れずに書いてしまえば、性的二型に関する特徴の多くは、生きるためにはさほど必要とされない特徴が、「性選択の結果として」自分の子孫を残すためだけに進化・発達したものといえる。

自身の生存よりも、交尾の成功に関わる。それが「性選択」なのだ。

例えば、セイランというキジの仲間がいる。セイランの雄は求愛に際し、まず、その舞台を整え（比喩《ひゆ》ではなく、整備するのだ）、その後、雌に対して独特のステップを踏んでみせ、派手に装飾された翼と尾羽をみせて自分をアピールするという。インドクジャクの雄が彩り鮮やかな羽根をみせることと似ている。

鳥類には、雄がこうした独特のアピールをする種が少なくない。雄自身がひとりで生きるうえでは、舞台の整備も、ステップも、派手な羽根も必要ない。つまり、セイランの派手な羽根やこうした行動は、性選択によるものであるという。

哺乳類の例を挙げれば、北アメリカ大陸西部で暮らすプロングホーンは、成熟した雄が骨質のツノをもつことが知られる。哺乳類におけるツノは、対捕食者用の武器として使われることが多い。しかし、プロングホーンは、時速80キロメートル以上ともいわれる快速を誇る動物である。彼らにとって、対捕食者用の〝主武器《メイン・ウエポン》〟は、その脚だ。ツノを用いて闘うよりも、走って逃げた方がよほど現実的なのだ。

そのため、このツノは身を守るための武器ではなく、雄が雌にアピールするためのものと考えられている。プロングホーンのツノも、性選択の結果ということになる。

セイランの舞台やステップ、翼と尾羽、プロングホーンのツノ。これらの特徴は、その個体自身が生き延びるうえでは、とくに役割を果たさない。あくまでも、雌にアピールするためのものだ。

性選択によるこのような特徴は、主として雄に発達する。そして雌が、こうした特徴をもつ雄を〝選《え》り好んで〟きた結果、世代を経てその特徴が発達した。

セイランの舞台やステップのような行動が遺伝するかどうかは別としても、より彩り鮮やかな羽根をもつ雄の遺伝子、より立派なツノをもつ雄の遺伝子が残されていった結果、顕著な性的二型となった、というわけである。

かつての雄はさほど鮮やかではなかった。あるいは、ツノが小さかった。性選択が数代にわたって続いたことで、こうした特徴が〝目立つレベル〟にまで進化した。

雌の好みにあわない雄は、子孫を残せなかったのだ。

性選択の対象となる特徴は進化と遺伝の結果であり、生まれもったものであり、雄自身の努力では如何《いかん》ともし難い。そのうえ、雌に選択権が与えられている。

地味な羽根をもって生まれたり、ツノが短かったりした雄は、己の不運を恨むしかない。

雄《オトコ》にとって自然界はとてつもなく厳しく、非情だ。


そもそも、選択権を与えられた雌は、なぜ、こうした特徴をもつ雄を好むのだろう？

なにしろ、生きていくうえでは、こうした特徴は必ずしも役に立つものではないのだ。

むしろ、こうした特徴をつくり、維持するためには、雄はその対価《コスト》を支払わなければならない。限りあるエネルギーをそちらに回さなくてはいけないのである。

そのエネルギーを、例えば餌の獲得などに使える雄の方が、雌にとっても有益ではないだろうか？

見た目だけの雄《オトコ》よりも、〝稼ぎ〟の多い雄の方が、雌にとっても役に立つのではあるまいか？

この点に関して、『美の進化』では、二段階の進化の理論が紹介されている。

第一段階として、もともとこうした特徴は、健康や活力、生存能力を示すものだったとみる。つまり、最初は実利の指標だった。

しかし、第二段階として、雌がこうした特徴をもつ雄を選択していった結果、いつの間にか本来の能力とは関係しないものとして進化したという。

この二段階の理論に加え、『人間の性はなぜ奇妙に進化したのか』では、さらに二つの理論も紹介されている。

一つは、こうした特徴は、大きすぎたり、目立ちすぎたりして、生きるうえで不利であるという前提に成り立つ理論だ。

単純に役立たないだけではない。この特徴があるだけで「不利」なのだ。

そして、不利であるにもかかわらず生き残っている雄は、それだけ優秀であることを意味していると考える。ハンディキャップを跳ね返す強さがあるというわけだ。

言うなれば、より大きなハンディキャップを抱えながら生きる雄こそが、雌にとっては魅力的にみえるという。ハンディキャップのある雄が数世代にわたってモテ続けた。それが、性選択につながったのである。

もう一つの理論は、このハンディキャップの理論と似ている。優秀な雄だけが、こうした特徴を発達させる〝コスト〟を支払う余裕があるということである。そして、実はそのコストを支払ってつくった特徴が、結果として雄にとって「モテる」以外にも役立つようになったという。

この例として、同書ではシカのツノを挙げている。雄が大きなツノを維持するには、それなりのコストを投入しなければいけない。ツノの大きさそれ自体よりも、「大きなツノを維持し続ける」ということ自体が、雌にとって魅力的に映る（ここまでは、ハンディキャップの理論）。そして、この大きなツノは〝見せかけ〟だけではなく、雄同士の争いで重要な武器にもなった（ここがハンディキャップの理論とは真逆ではある）。

いずれにしろ、進化の結果は同じだ。

特定の特徴をもつ特定の雄を雌が選んできたからこそ、その特徴が代を重ねるごとに発達し、結果として雌雄で異なる姿となる性的二型になった。

もっとも、行動が観察できず、雌雄の特定さえままならない古生物において、選択権を実際にもっていたのが雌であると断じることは難しい。

ひょっとしたら、雌こそがそうした特徴を発達させ、雄が選んでいた可能性もある。

しかし、現生の動物たちをみる限りは、多くの場合で雌こそが選択者だった可能性が高いといえるだろう。

それは本当に〝性の自己主張〟なのだろうか？

恐竜類のように、人類の歴史時代（文字記録の残る時代）が始まるよりも前に生きていた生物を「古生物」と総称する。

現生の動物たちの場合、性選択の〝瞬間〟も、性的二型も、交尾も、出産も産卵も、「観察」によって確かめることができるが、古生物の場合は、まず、「生きている姿を観察する」ということができない。

歴史時代以前の生物であるため、もちろん観察記録も残っていない。

観察もできず、記録もないという事実が、古生物の性の議論をする際に、大きな壁となって立ちはだかる。

全体的にはよく似た姿でありながらも、異なる特徴をもつ2個体の化石があったとして、その異なる特徴が性差によるものなのか、つまり、「性的二型なのか」という問題である。

よく似た化石が複数発見された場合、性的二型以外にも、いくつかの可能性が考えられる。

可能性の一つは、「よく似た姿の別種」であるということだ。

そもそも「種」の定義の一つは、「性交（交尾）して生まれた子が孫を残すことができること」である。別種と交尾した場合でも、子をつくること自体はできることがある。実際、かつてヒョウとライオンを人為的に交配させ、子を生ませた例がある。このヒョウとライオンの子は「レオポン」と呼ばれている。

しかし、その子は孫をつくることができない。レオポンとレオポンが交尾しても、子をつくることはできないのだ。

孫をつくること……つまり、生命の存続を安定させることが、「種」の条件である。

ところが、この定義を古生物に適応して議論することは難しい。むろん、交尾とその後を観察することができないからだ。そこで、必然的に化石の「形」に頼ることになる。

しかし、形による種の識別には自ずと限界がある。そのため、古生物では「同種なのか」「別種なのか」という議論がしばしば発生し、その結果、同種とされていたものが別種として認定され、異なる種名が与えられることがある。一方で、別種であるとされていたものが同種と認定され、種名が統一されることもある。

もちろん、「性的二型」の議論をするためには、同種である必要がある。

可能性の二つ目は、「個体差」ということだ。

基本的に、同種であれば、姿形は似る。

しかし、生き物である以上は「個体差」があり、まったく同じ姿形にはなり得ない。同じ年齢であっても、サイズが異なることはよくあるし、がっしりした個体がいれば、スリムな個体もいる。仮にトサカの有無といった顕著な特徴は別としても、ツノの大小や曲がり具合などは、個体差なのか、それとも、性差なのかがわかりにくい。

あなたのまわりを見てほしい。

ある特定の空間に存在する人たちを見比べるだけでも、個体差はこれだけある。ホモ・サピエンス全体を見渡せば、個体差はもっと大きい。同性であっても、だ。化石だけを手がかりに、個体差と性差を見分けることの難しさ。わかってもらえるだろう。

可能性の三つ目は、「成長差」ということだ。

同性であっても年齢が異なれば、姿形が異なることは多い。ホモ・サピエンスでも、乳児、幼児、少年、青年……と姿は異なる。小学校時代にはあまり目立つタイプではなかった隣の席のあの子が、成人になって同窓会で再会したらまるで別人のようにみんなの視線を集める存在になっていた、というのはよく聞く話だ。

化石を見たときに、こうした成長段階を識別できているか否か。

恐竜類においても、性的二型どころか別種であるとみられている複数の種が、実は世代の異なる同一種だったのではないか、と指摘される例がある。

例えば、「石頭恐竜」の異名をもつ「堅頭竜類《けんとうりゅうるい》」というグループに「パキケファロサウルス・ワイオミンゲンシス（***Pachycephalosaurus wyomingensis***）」「スティギモロク・スピニファー（***Stygimoloch spinifer***）」「ドラコレックス・ホグワーシア（***Dracorex hogwartsia***）」という3つの種がいる。それぞれ頭部に特徴があり、パキケファロサウルスは頭頂部がドーム状に大きく膨らんでいてそのまわりにトゲがあり、スティギモロクは頭頂部はやや膨らんで鼻から側頭部にかけてと後頭部にトゲがあり、ドラコレックスはさほど頭頂部は膨らんでいないものの、鼻から頭頂部、側頭部、後頭部にかけて大小のトゲが多数ある。

この3種の堅頭竜類は、かなり風貌が異なるようにみえる。

しかし2009年に、アメリカ、モンタナ州立大学に所属するジョン・R・ホーナーとカリフォルニア大学古生物学博物館のマーク・B・グッドウィンによって同種である可能性が指摘されている。

ホーナーとグッドウィンの研究によると、3種それぞれの頭部に発達したトゲは、その位置が共通し、

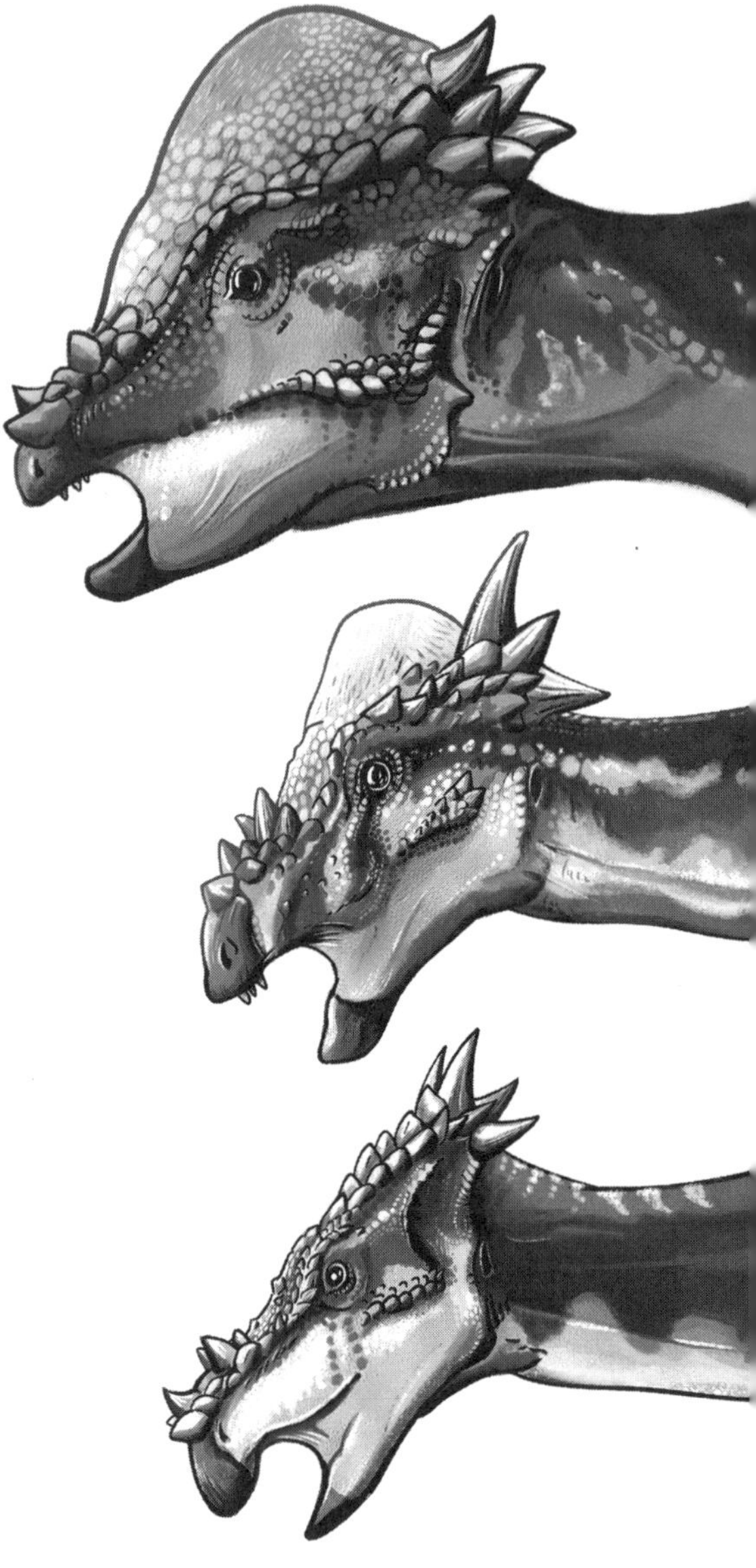

パキケファロサウルス（上段）、スティギモロク（中段）、ドラコレックス（下段）。この3種は実は同種であり、成長段階のちがいを表しているという指摘がある。

成長にともなってトゲがサイズを変えたり、消失したりしたと解釈できるという。この場合、パキケファロサウルス・ワイオミンゲンシスが成体で、スティギモロク・スピニファーは亜成体、ドラコレックス・ホグワーシアは幼体であるとされた。

ホーナーとグッドウィンの研究が正しいとすれば、同種であっても成長によってこれだけの差が生まれたことになる。そんな状況下で「これは雄」「これは雌」と性的に形をきちんと認識することができるのか。

悩ましい話だ。

出会えなければ、恋も芽生えない

こうしたさまざまな可能性を考慮しながら、ある個体と別の個体が性的二型の関係にあると証明するには、第一に、その2個体が「同時期に生きていた」ことを示さなければいけない。生きていた時期が異なれば、よく似た姿をした別種なのか、個体差なのか、成長差なのか、という議論を展開することもできない。

人間の恋愛でもあるだろう。「あと数年早く生まれていれば」という〝甘酸っぱい〟感覚。その感覚に近い（かもしれない）。雄と雌が恋をするには（性的二型を議論するためには）、「タイミング」が重要なのだ。

これが、恐竜類の性的二型議論をややこしいものとしている。

実は、恐竜類の化石が産出したとき、その化石が「いつ」のものなのか、厳密にわからないことが多い。

例えば、トリケラトプスの場合、生きていた時代は「マーストリヒチアン後期」である。マーストリヒチアンとは、白亜紀を12に細分化した時代の一つで、約7210万年前から約6600万年前を指す。この610万年間のどこをもって「前期」と「後期」に分けるのか、その境が厳密に決まっているわけではない。仮に、この新しい方の半分を「後期」と呼んだとしても、その期間は305万年間もある。

一つの種が305万年間にわたって存続していた場合もあれば、305万年間のどこかの短い期間で生きていたものを私たちが特定できていないという場合もあり得る。化石は地層に含まれており、一枚の地層の厚さがどのくらいの時間に相当するのかは、場所によって異なる。もちろん、化石にも地層にも「その化石がいつのものなのか」という年代値が書かれているわけではない。

それを踏まえたうえで、トリケラトプスの性的二型を証明するためには、姿の多少異なるトリケラトプスたちが、305万年間のなかで同じ時期に生きていたことを証明しなければいけない。

まったく同じ場所で重なるように化石が発見されれば、同時期に生きていた可能性は高いだろう。しかしまったく同じ場所で、性的二型の可能性のある2個体が発見されることはなかなかない。そこで、離れた場所から発見された化石を比較して、どちらが古いか、新しいか、あるいは同時期なのかを突き止め、まずはその時期を特定する必要がある。

地質学においては、離れた場所の地層を比較して、同時期につくられた地層なのかどうかを特定する手法がいくつかある。「対比」と呼ばれるこの手法を使えば、離れた場所で発見された2個体の生きていた時期をある程度絞り込むこともできる。

ただし、それは化石が発見された場所の地質情報が詳細に記録されていれば、だ。

実は20世紀前半まで、とくに恐竜類の化石において、とにかく「発見して持ち帰る」ことが重視されていた時代があった。化石の発掘競争が激化するなか、残念ながら、対比に必要な「現場の地質情報」が記録されないことが多かったのだ。

地質情報だけの話ではない。発見地の場所の記録もあやふやだったことが多い。

このことが、これまでの性的二型の議論で、すっぽりと抜けていた。同時期に同じ地域に暮らしていた個体なのかどうかがわからない状態で、性的二型の議論をしてきてしまったのである。

時期の特定は、性的二型の議論だけではなく、進化や多様性を論じる場合にも重要となる。そのため、20世紀末から、こうした記録の不十分な恐竜化石の発掘地や地層を特定するための調査が行われるようになった。この試みは、カナダのロイヤル・ティレル博物館に所属するダレン・H・タンケが『Dinosaur Provincial Park』に寄稿した原稿によくまとめられている。

なにしろ、場所の記録さえあやふやだ。しかも半世紀以上の歳月が経過しているため、雨風によって地形も変わってきている。

そこで、当時の発掘隊が残した写真の比較、地層のそばに埋まっていた新聞の日付と発掘日誌を照合するなど、シャーロック・ホームズさながらの推理が行われた。

こうした調査によって、多くの恐竜化石の発見場所が特定され、改めて地層が調べられることになった。

すると、これまで「性的二型である」とされていた複数の個体が、実は別の時期に生きていたことがみえてきた。

ここで、トリケラトプスに話を戻そう。「トリケラトプス・ホリダスという1種だけが存在し、他は性的二型ではないか」との指摘があった。

しかしアメリカ、モンタナ州立大学のジョン・B・スキャンネラたちによって、少なくともトリケラトプス・ホリダスとトリケラトプス・プロルスス（***Triceratops prorsus***）は生きていた時期が異なることが、2014年に明らかにされたのだ。

生きていた時期が異なるのであれば、〝ちょっとしたちがい〟は性的二型によるものと断定することはできない。スキャンネラたちは、トリケラトプス・ホリダスとトリケラトプス・プロルススは別種であり、むしろ「祖先・子孫の関係にあったのではないか」と指摘している。

また、『Dinosaur Provincial Park』にマイケル・J・ライアンと、トロント大学（カナダ）のディヴィッド・C・エヴァンスが寄稿した原稿では、角竜類のセントロサウルス・アパータス（***Centrosaurus apertus***）とスティラコサウルス・アルバーテンシス（***Styracosaurus albertensis***）の例も挙げられている。この2種もかつて性的二型の関係にあるとも指摘されていたが、近年の地質の再調査の結果、別の時期に生きていたことが明らかになったという。

どちらが雄、どちらが雌という話の前に、そもそも彼らは出会うことがなかったのである。

性的二型であることを示すには、同時期に生きていたことを証明する必要がある。残念ながら、この証明ができる恐竜化石は、調査が進んだ現在もなお、決して多くない。

ただし、近年ではGPSを使用した発見・発掘場所の記録や、周囲の地質情報の記録は、ごく当然のこととして行われるようになっている。将来的に、同時期に生きていたことを証明できる標本は増えていくことだろう。

「がっしり」は、性差の決め手となるか？

人間社会においては、男性はがっしりとしていて筋肉質、骨格も大きいという表現がなされることが多い。対して、女性は男性よりもほっそりとしていて、ウエストを中心に丸みをもった姿で描かれる傾向にある。

もちろんこれは、個人差を無視した話であり、極論である。個人的には、こうした決めつけは好きではない。

ただし、〝ごく一般的なイメージ〟として、「がっしり」と「ほっそり」が性差に関係しているという見方は、定着しているといえるだろう。

ティラノサウルス。言わずと知られた「肉食恐竜の帝王」。その性的二型は、かねてより注目されてきた。

それは、恐竜類も例外ではないようだ。同種のなかに「がっしり型」と「ほっそり型」が確認できるのであれば、それは性的二型を表しているのではないか。そんな見方が指摘された恐竜類がいくつかいる。その代表は、「ティラノサウルス（*Tyrannosaurus*）」だ。

ティラノサウルスは、「肉食恐竜の帝王」として名高い恐竜類である。肉食恐竜では最大級となる全長13メートルもの体格を誇り、大きな頭部に大きく開く口、中には太い歯が並ぶ。二足歩行で、体の大きさに似合わない小さな前脚も特徴とする。

チャップマンたちが1997年にまとめた研究では、ティラノサウルスにみられる性的二型として、「がっしり型」と「ほっそり型」が紹介されている。1994年にアメリカの古生物学会から刊行された『DINO FEST』に、ブラックヒルズ地質学研究所のピーター・ラーソンが寄稿したものだ。

曰く、ティラノサウルスの化石には、骨盤に「がっしり型」と「ほっそり型」が確認できるというのである。そして、これが性差を表しているとされた。ただし、人間社会では「がっしり型」は男のイメージであるが、ティラノサウルスの骨盤の「がっしり型」は雌の特徴とみられるという。骨盤ががっしりしていた方が、卵のスペースを確保できるからだ。

そして、「卵のスペースを確保する」という論拠を発展させて、ラーソンはティラノサウルスの尾にも性的二型をみることができるとも指摘した。

ティラノサウルスに限らず、恐竜類や哺乳類の尾をつくる個々の骨（尾椎骨《びついこつ》）の下には、「血道弓《けつどうきゅう》」と呼ばれるY字型の骨がぶら下がっている。ラーソンによると、ティラノサウルスの場合、この血道弓が、骨盤から数えて2個目以降の尾椎骨にぶら下がっている個体と、3個目以降の尾椎骨にぶら下がっ

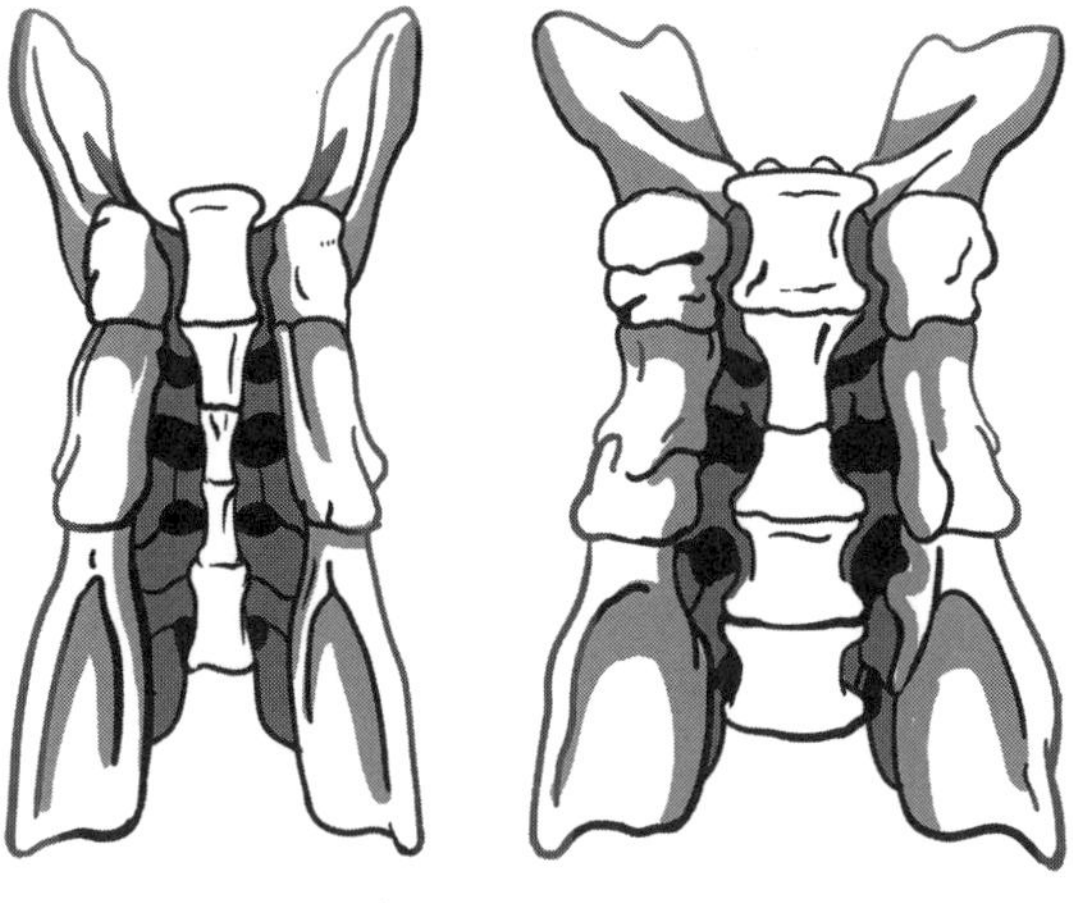

ティラノサウルスの骨盤付近を腹側から見た図。左が雄、右が雌のものと推定された。Larson（1994）とChapman et al.（1997）を参考に作図。

ている個体があるという。血道弓の「ぶら下がり始めの位置」が異なるのだ。ラーソンは、この位置のちがいが性的二型であると考えた。

すなわち、前者が雄で、後者が雌であるという。その理由として、血道弓がより後方からつき始めた方が、その前に産卵のためのスペースを確保できるとしている。また、前者の骨盤は「ほっそり型」で、後者の骨盤は「がっしり型」である点も、性別の判定に説得力を与えた。卵を産む必要のない雄は、骨盤がほっそりしていて血道弓が前方にあり、卵を産まなくてはいけない雌は、骨盤ががっしりとしていて血道弓が後方にある、というわけだ。

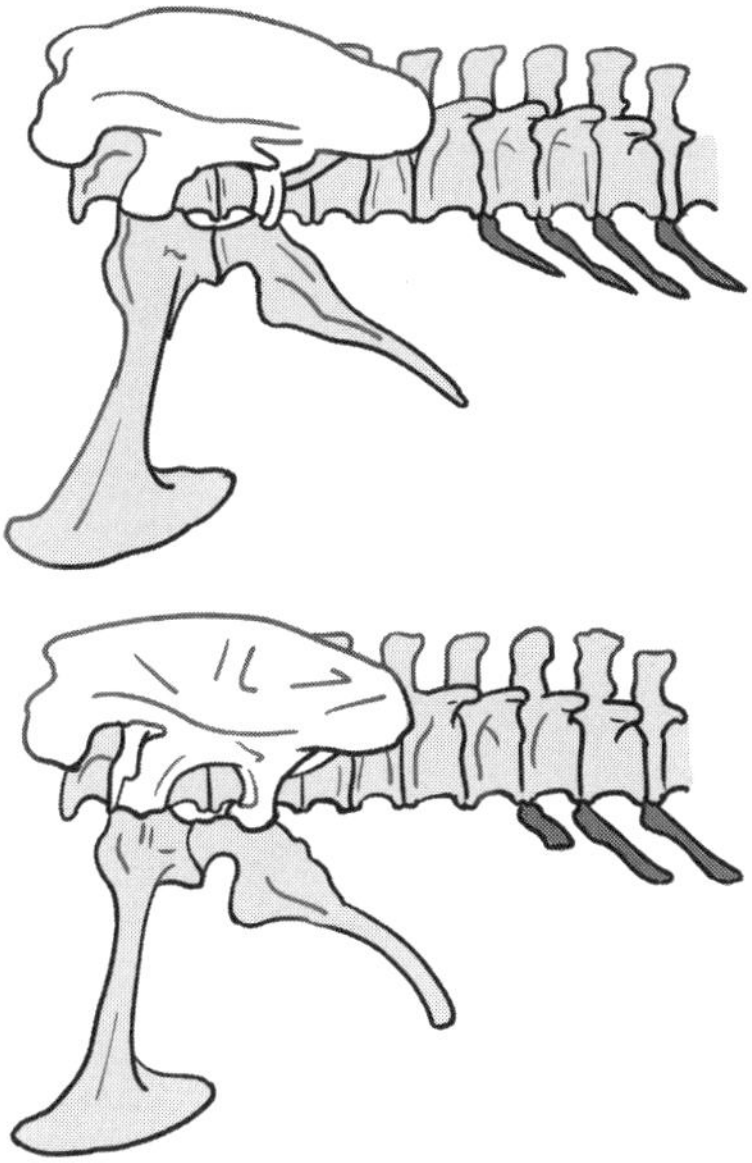

ティラノサウルスの尾の付け根付近。図の左側が頭の方向。上段が雄、下段が雌と推定された。血道弓（濃灰色）の最初の位置が異なる。Larson (1994) と Chapman et al. (1997) を参考に作図。

しかしチャップマンたちは、ラーソンによるこの研究の性別判定が、雄とみられる（血道弓が前方にある）たった1つの化石にもとづいていることを指摘して、「明らかに（Obviously）」という強い表現を用いながら、「サンプル不足」であると断じている。

そもそも、とくに大型の脊椎動物の

化石は、全身のすべてが残っている例はほとんどない。ティラノサウルスの化石も、全身の50パーセント以上が保存されている個体は稀だ。

そんな保存率で、血道弓という小さな骨の有無をもって雌雄の判別をすることは危険といえる。なにしろ、「本当になかったのか」、それとも「化石として保存されなかったのか」、その真相を突き止めることは極めて困難なのだ。

一方、ティラノサウルスの「がっしり型」と「ほっそり型」に関しては、ラーソン自身によって続報が発表されている。

2008年刊行の『TYRANNOSAURUS REX. THE TYRANT KING』に寄稿したその論文で、ラーソンは、34個体分のティラノサウルス標本に注目して、さまざまな部位の骨を測定した。

その結果、骨盤以外の骨にも「がっしり型」と「ほっそり型」の特徴がみられたという。

なお、がっしり型のティラノサウルスには尾のつけ根の骨に傷がみられるものがある。その傷は交尾のときにつけられたものではないか、と解釈された。

タンザニアに分布するジュラ紀後期の地層から化石が発見されている「ケントロサウルス（***Kentrosaurus***）」の例も紹介しておこう。

ケントロサウルスは全長4メートルほどの植物食恐竜で、四足で歩き、頭は小さく、前半身の背には小さな骨の板が、後半身の背には長いトゲが並ぶ。「剣竜類《けんりゅうるい》」というグループに属する恐竜である。

イギリス、シェルフィールド大学に所属するホーリー・E・バーデンと、大英自然史博物館のスザンナ・C・R・メイドメントは、ドイツ自然史博物館（フンボルト博物館）が所蔵するケントロサウルスの大腿骨（太腿の骨）に注目した研究を2011年に発表している。

バーデンとメイドメントのこの研究では、不完全な12標本を含む合計49本の大腿骨について、さまざまな角度から測定がなされた。そして、幼体のものとみられる数本を除き、成体の大腿骨は「がっしり型」と「ほっそり型」に分かれることが示されたのである。

成体に明瞭に確認できる特徴であることから、バーデンとメイドメントは、この大腿骨の形状のちがいを、性的二型の可能性があると指摘している。性的二型の特徴は、性成熟にともなって発達することが多いからだ。

また、この分析では、奇妙な点も確認された。「がっしり型」の個体数が、「ほっそり型」の2分の1しかなかったのだ。大腿骨の形状が性的二型であるとして、もしもケントロサウルスが〝一夫一婦制〟であったなら、雄か雌か、どちらかの性の半分があぶれてしまうことになる。

しかし、雄と雌の「夫婦の関係」は、必ずしも〝一夫一婦制〟とは限らない。バーデンとメイドメントは、現生のワニ類や鳥類にも〝一夫多妻制〟があることに触れ、しばしばその比率が雄1に対して雌2になることを指摘した。

つまり、少数派の「がっしり型」が雄、多数派の「ほっそり型」が雌である可能性がある、ということになる。この場合の「がっしり型」と「ほっそり型」が示す性は、ラーソンによるティラノサウルスの性とは逆だ。

もっとも、バーデンとメイドメントは、この研究のなかで、性別を特定することの不確実性にも触れている。

現生のワニ類や鳥類に確認される一夫多妻制の雌雄比率は、一つの集団内にみられるものだ。しかし今回、分析に使われたケントロサウルスの標本群は、あくまでもドイツ自然史博物館が所蔵するコレクションであり、「一つの集団と断言できるもの」ではない。

また、仮に性的二型であったとしても、「どちらが雄で、どちらが雌なのか」の議論に決着をつけることは難しい。

がっしりした大腿骨は、そこに付着する筋肉量が多かったことを意味する。つまり、ケントロサウルスの「がっしり型」は、太腿の筋肉が強かっただろう。バーデンとメイドメントは交尾の1シーンを例に挙げて、雌にのしかかる雄こそが強い筋肉を必要としたのではないかとする一方で、のしかかられる雌こそが強い筋肉を必要としたかもしれない、と両論を併記している。

ケントロサウルスと同じ剣竜類に「ステゴサウルス（***Stegosaurus***）」がいる。背中に骨の板が並ぶ四足歩行の植物食恐竜で、尾の先に4本の大きなトゲをもっていた。剣竜類の代表としても知られている。

ステゴサウルス属には、複数の種がいたことがわかっている。そのうちの一つ、「ステゴサウルス・ミョーシ（***S. mjosi***）」にも「がっしり型」と「ほっそり型」がいたことが報告されている。なお、ステゴサウルス・ミョーシは、研究者によって「ヘスペロサウルス・ミョーシ（***Hesperosaurus mjosi***）」と呼ばれることもあるが、本書では関係論文における表記を採用し、「ステゴサウルス・ミョーシ」として話を続ける。

さて、ステゴサウルス・ミョーシの「がっしり型」と「ほっそり型」である。

イギリスのブリストル大学に所属するエヴァン・トーマス・サイッタは、2015年に発表した研究で、ステゴサウルス・ミョーシの背に並ぶ骨の板に「がっしり型」と「ほっそり型」があることを報告した。

ただし、「がっしり型」、「ほっそり型」は本書における便宜的な呼び名だ。この場合、正確には、「上下に低く幅の広い骨板」と「上下に高く幅の狭い骨板」があることが示された。ここからはわかりやすく、「幅広の骨板」と「幅狭の骨板」と表記しよう。

サイッタが注目したのは、ステゴサウルス・ミョーシの発見された場所だ。アメリカのモンタナ州にある「JRDI 5ES採掘場」と名づけられたその場所には、まったく同じ場所に少なくとも5個体のステゴサウルス・ミョーシの化石がバラバラに埋まっていた。地層の状態から、それらの化石は洪水などでその場所に運ばれて集まったものではないことが示唆された。

つまり、この5個体（以上）は、ともに暮らし、ともに死んだ可能性が高いということだ。サイッタの分析によると、5個体（以上）の化石が密集したこの場所には、成体のものとみられる骨板が多数確認され、それが「幅広の骨板」と「幅狭の骨板」に明瞭に分けられるという。

成体で明瞭に分けられる、だ。〝性的二型の条件〟である。

そして、サイッタは「どちらが雄、どちらが雌と特定するのは困難である」と一言断ったうえで、一つの例として、ウシ類

“ステゴサウルス・ミョーシ”の雌？　Saitta（2015）を参考に作画。

を参考に性別の推定に挑戦している。

ウシ類は、雄も雌もツノをもつ。ただし、雄の方がツノが大きい傾向がある。

ステゴサウルス・ミョーシの場合、「幅広の骨板」の面積は、「幅狭の骨板」よりも45パーセントも大きい。そのため、「幅広の骨板」をもつ個体こそが雄ではないか、とサイッタは指摘した。面積の広さが、雌に好まれるのではないか、というわけである。幅広の骨板は、性選択によって発達した特徴（性のアピール以外には役立たない特徴）ではないか、とされたのだ。

数こそ〝正義〟

さて、視点を変えてみよう。

これまで、いくつかの恐竜類の性的二型について紹介してき

“ステゴサウルス・ミョーシ”の雄？　Saitta (2015) を参考に作画。

た。ここで、その分析対象となった標本の数に改めて注目しておきたい。

●プロトケラトプスのフリルとツノ：24標本
●ティラノサウルスの血道弓：1標本
●ティラノサウルスの「がっしり型」と「ほっそり型」：34標本
●ケントロサウルスの大腿骨の「がっしり型」と「ほっそり型」：49標本
●ステゴサウルスの骨板の幅の広さ：5個体（9標本）

こうしてみると、多くても50に満たない標本数で性的二型を議論してきたことがわかる。

この標本数が、実は恐竜類の性的二型を論じるときの決定的な〝弱点〟となる。有り体に言ってしまえば、「数が少ない」のだ。

これまでみてきた〝性的二型の特徴〟が、本当に性差からくるものなのかが断定できないのである。「成体で」「明瞭に」分けられる特徴であっても、それは病的な影響によるものかもしれないし、加齢によるものかもしれない。性的二型なのか、そうではなくたまたまその個体にあった特徴なのか、そのちがいを見極めることができない。

例えば、ケントロサウルスに採用された「大腿骨の例」に注目してみよう。右に挙げたなかでは、分析対象となった標本数が最も多い。では、大腿骨は性的二型の確認できる部位であると判断していいのだろうか？

ケントロサウルスに限らず、すべての恐竜類に最も近縁であり、化石種から現生種まで知られる動物群に、ワニ類がいる。ワニ類の現生種であれば、雌雄を簡単に確認することができる。もしワニ類の大腿骨にも性的二型がみられるのであれば、ケントロサウルスのような恐竜類の大腿骨にも性的二型があったと考えることができるかもしれない。

2008年、アメリカ、ウエスタン・イリノイ大学のマシュー・F・ボーナンたちは、現生のアメリカアリゲーター（*Alligator mississippiensis*）の数十個体の雌雄の大腿骨を測定した結果を発表した。

結論から言えば、「がっしり型」と「ほっそり型」はあった。アメリカアリゲーターの雄の大腿骨は、「がっしり型」だった。

しかし、雌の大部分も「がっしり型」の大腿骨をもっていた。

つまり、大腿骨だけでは、「雄」と「体格の良い雌」を区別することは極めて困難であることが、ワニ類で示されたのだ。いわんや恐竜類においてをや、だ。

カナダ自然博物館のジョーダン・C・マロンは、2017年に発表した論文で、恐竜類における「性的二型を示す」とされていたさまざまな特徴が、性的二型を議論するうえで十分な数を満たしたものであったのかについて切り込んでいる。個体差や病気、加齢などの影響を排除して、「本当に、雄と雌の差と断言できる特徴なのか」ということを検証したのだ。

その結果、いずれの例でも、性別を断言するためには「標本数が不足している」と指摘された。とくに標本数の少ないステゴサウルスの骨板に関しては、「幅広の骨板」と「幅狭の骨板」は、1個体のなかに普通に混在していた可能性も指摘された。

古生物学における弱みといえるだろう。

とくに恐竜類のような大型脊椎動物のもつ〝本質的な弱み〟だ。

基本的に、生きているすべての生物が死んで化石になるわけではない。化石になるためには、さまざまな必然と偶然の条件をクリアする必要がある。そして、化石になったとしても、からだのすべての部位が保存されるわけではなく、一部が欠けたり、一部しか保存されなかったりする。大型生物であればあるほど全身が保存される確率は低く、そもそもまとまった個体数が化石となる確率も低い。

標本数が少ない。

それは仕方のないことなのだ。それゆえに、古生物学では1個体だけ（1部品だけ）でも発見されれば、その背景には膨大な数の「化石にならなかった同種」がいることを前提に議論を進めることが多い。

ただし、残念ながら性的二型に関してはこの議論の方法を適応することができない。性別を判断するためには、多くの個体（標本）を比較して検討する必要があるからだ。

もっとも、「雌雄判別に十分」とされる個体数がなくても、いくつかの個体数がみつかっているのであれば、そこからなんとか性的二型の特徴をみつけだそうとする試みも行われている。アメリカ、モンタナ大学のデェヴィン・M・オブライエンたちが2018年に発表した〝大きさの変化に注目した研究〟がそれだ。

オブライエンたちの研究では、現生の動物において同種の複数の個体を調べたとき、からだの成長に際して〝極端に大きく変化する部位〟が存在する場合があること、そしてその部位が性的なものである可能性が高いことに注目した。言い換えれば、「成長するにつれて、極端に発達する部位があれば、それは性的な特徴であるかもしれない」ということになる。

オブライエンたちは、現生のジャクソンカメレオン（*Triceros jacksonii*）の例を挙げる。ジャクソンカメレオンの雄はトリケラトプスのような3本のツノをもつ。このツノはからだ全体の成長に比べ、大きくなる変化が速い。そして、このツノこそがジャクソンカメレオンにおける性的二型の特徴となる。ツノは雄だけにあり、雌には存在しない。

オブライエンはこの手法を約30個体のプロトケラトプスの化石に適用し、からだの成長と比べてフリルの成長が速い場合があることを指摘した。

つまり、プロトケラトプスのフリルは、性的二型の特徴である可能性が高いということになる。なお、ブラウンとシュライカー、ドッドソンたちが指摘したプロトケラトプスのもう一つの性的二型の特徴とされる眼窩前の突起に関しては、オブライエンたちは検証を行っていない。

オブライエンたちのこの手法を使うことができれば、十分な数がなくても、性的二型の特徴を探し出すことが可能となるかもしれない。ただし、この研究をするためには、細部の計測に耐え得る良質な化石が必要だ。「十分な数がなくても」としながらも、この研究ではそんな良質な化石を約30個体分使用している。恐竜類の化石において、これほどの数の良質な標本がそろっている種類は、残念ながらそう多くはない。

雌は、わかる

恐竜類において「性的二型」とされるさまざまな特徴。そのすべてを「標本数不足」と指摘したマロンの2017年の論文で、「明確な性別の指標」として具体的に挙げられているものが三つある。

卵、胚、そして、骨髄骨《こつずいこつ》だ。

いずれも、その個体が雌であることを示す確かな証拠となる。

卵と胚は、もちろん、これらが体内に確認できれば、雌である。つまり、妊娠中にあるということで、ごく一部の例外を除き、これは雌の特徴だ。


骨髄骨とは、簡単に言えば、「卵の材料」である。

鳥類は、卵を産む。この卵の材料は、雌が自分の大腿骨などから捻出している。自分の骨を〝溶かして〟卵をつくっているのだ。卵の材料の供給源としてつくられた網目状の構造のある骨。それが、「骨髄骨」である。

2005年、アメリカ、ノースカロライナ州立大学のマリー・H・シュバイツアーたちは、ティラノサウルスの特定の個体の大腿骨にも、骨髄骨とみられる特徴があることを指摘した。その後、この骨髄骨とみられる構造に関して「病的なものではないか」との論争が発生したが、2016年にシュバイツアーや新潟大学の杉山稔恵たちによって化学的な分析がなされ、骨髄骨であることが改めて示された。

マロンが指摘したように、卵と胚と並んで、骨髄骨も「性別の指標」となる。

ただし、本章監修者の千葉は、卵と胚、骨髄骨からの特定にも「限界がある」と指摘している。

確かに卵と胚、骨髄骨があれば、雌とわかる。

しかし、いずれも「卵」に関係する。したがって、例えば、交尾前の雌と、そもそも卵に〝直接関係しない〟雄を見分けることは難しい。

2008年にティラノサウルスの「がっしり型」と「ほっそり型」を指摘したラーソンの論文では、実は2005年のシュバイツアーたちの研究も関連づけられている。

シュバイツアーたちが分析したティラノサウルスの標本は、ロッキー山脈博物館が所蔵する標本番号「MOR1125」の化石だ。ラーソンによれば、骨髄骨の特徴がみられた「MOR1125」は「がっしり型」とされる。このことから、2008年の時点で（シュバイツアーや杉山たちの論文が発表される前に）ラーソンは「がっしり型は雌である可能性が高い」としている。

しかし、ラーソンの指摘が正しかったとしても、ボーナンたちがアメリカアリゲーターで示した研究結果が立ちはだかる。「がっしり型」と「ほっそり型」は、性的二型の指標としては、極めて曖昧であるという指摘である。

なるほど、「MOR1125」は雌であり、「がっしり型」だ。しかし、「MOR1125」が偶然、がっしりした雌だった可能性が捨てきれないのだ。

卵と胚、骨髄骨は、あくまでも「その個体が雌である」という指標にしかならない。

そして、いずれも一時的や限定的なものであり、外見に現れる性的二型のように、性別の判断に普遍的に使える特徴ではない。

マロンは2017年の論文のなかで、「恐竜類に性的二型がなかったというわけではない」とも書いている。あくまでも確定情報とするための「数」が不足しているということだ。

オブライエンがプロトケラトプスで示した方法は、一定の標本数さえあれば、性的二型がみえてくるというものである。仮にこの方法が本当に性的二型を把握できるものだとしても、解析にはプロトケラトプスのような〝良質な化石〟がそれなりの数、必要となる。

しかし恐竜類において、そうした化石を集めることは難しい。

インドクジャクの尾羽のように、「わかりやすくて目立つ性的二型」はないのだろうか?

恐竜界のロミオとジュリエット

インドクジャクは、鳥類だ。

鳥類は、恐竜類を構成する一つのグループである。

……であるならば、恐竜類にもインドクジャクのように尾羽を使って性的アピールをするものがいた

カーン。その骨には、性的二型があるとされる。

かもしれない。その可能性が議論されている恐竜がいる。

モンゴルに分布する白亜紀後期の地層から化石が発見された「カーン（***Khaan***）」である。

カーンは全長1・8メートルほどの小型の恐竜で、鳥類に近縁とされる「オヴィラプトロサウルス類」というグループに属している。寸詰まりの頭部、クチバシ、そしておそらく翼をもち、鳥類のように巣の中で卵を抱いていたとされるグループだ。

カーンの化石として2個体が報告されている。ほぼ全身が保存された「MPC-D100/1002」（以降「1002」と表記）と、尾の一部が欠損している「MPC-D100/1127」（以降「1127」と表記）である。「1002」は、「1127」よりもわずかに大きい（大腿骨を比較すると、「1002」の方が5ミリメートルだけ長い）。ともに成体であるとみられている。

この2個体は、わずか20センチメートルの距離で寄り添うように眠っていた。周囲の地層の状況から、砂丘の崩落に巻き込まれたものと思われる。

本章でこれまでにみてきたように、性的二型の議論の際には、〝同時性の確立〟は大切なポイントだ。その意味でこの2個体は、まさしく同時に死んだ可能性が高い。

寄り添うように死んでいたことから、この2個体には「ロミオ」と「ジュリエット」の俗称が与えられた。

「ああ、ロミオ様、ロミオ！　なぜロミオ様でいらっしゃいますの、あなたは？」（新潮文庫『ロミオとジュリエット』より引用）の台詞で有名な、あのロミオとジュリエットである。

シェイクスピアの恋愛悲劇の代表作として知られるこの作品では、まさに二人が寄り添って死を迎える。カーン2個体に相応しい名といえるだろう。

……では、本当にその2個体は、「ロミオ（雄）」と「ジュリエット（雌）」なのだろうか？　〝死に様〟だけではなく、性別までもこの2個体から特定することができるのか？

カナダ、アルバータ大学のW・スコット・パーソンズⅣたちは、2015年にカーンの性的二型に関する研究を発表している。

パーソンズたちが注目したのは、「血道弓」である。ティラノサウルスの性的二型の議論のところにも登場した尾椎骨に〝ぶら下がる〟骨だ。

カーン2個体の場合、「1002」の、少なくとも4個の血道弓は、「1127」の血道弓よりも長く、そして先端が幅広になっていて、がっしりとしていた。そのちがいがあまりにもはっきりとしていたため、パーソンズたちはこのちがいは病的なものや個体差ではなく、性的二型ではないかとしている。

なぜ、血道弓の形に差が出たのだろうか？

パーソンズたちは、〝三つのもしも〟を検証している。

もしも、卵を産む際に血道弓が邪魔になるのであれば、より短い血道弓をもつ「1127」が、雌だ。長い血道弓をもつ「1002」が、雄である。

もしも、ペニスに発達した筋肉が必要であり、その筋肉が血道弓から伸びていたのであれば、幅広でがっしりとした血道弓をも

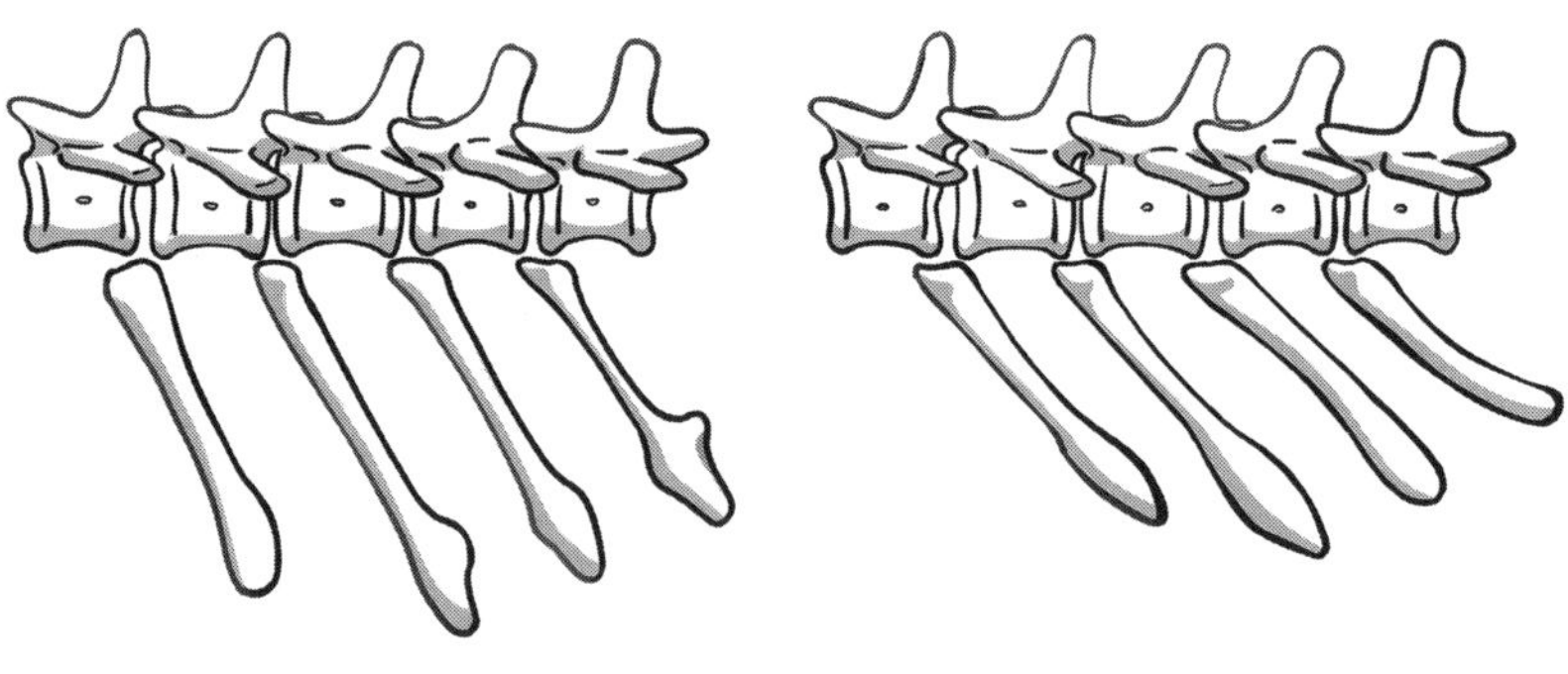

カーンの尾の骨。血道弓の形が異なる。左が「100/1002」、右が「100/1127」。左が雄、右が雌とされた。Persons IV et al.（2015）を参考に作図。

つ「１００２」が雄である。

もしも、インドクジャクのように尾羽を使った性的ディスプレイをしていたとしても、尾羽自体は化石に残っていない。しかし、発達した尾羽を支えるには、発達した骨（血道弓）が必要だ。そして、尾羽を使った性的ディスプレイは、大抵において「雄の行動」である。つまり、発達した尾羽を支える血道弓をもつ「１００２」が雄である。

パーソンズたちの分析によると、〝三つのもしも〟のいずれの場合でも、「１００２」がロミオ（雄）であり、「１１２７」がジュリエット（雌）である可能性が高いということになる。

もっとも、これもまた「可能性の議論」である。実に悩ましい。

ごく近縁のあるオヴィラプトロサウルス類にはこの特徴が確認できなかったことを、パーソンズたち自身が指摘しているし、論文のタイトルにも「possible（可能性）」という単語が使われている。パーソンズたちは、今後発見されるオヴィラプトロサウルス類の化石において、同様の特徴が確認できるかどうかが重要になるとしている。カーン自身の性的二型も、さらなる標本の発見による検証が必要だろう。

ここでも問題となるのは、やはり標本数だ。

ただ、ひとつはっきりしているのは、標本数はよほどのことがない限り、増えることはあっても、減ることはないということである(戦争で消失した例はあるけれども)。

恐竜類の〝男と女の議論《性的二型》〟は、時間が解決してくれるのかもしれない。

Chapter

2

恐竜の章 ②

～ 恐竜たちの恋愛と子づくり ～

人類は、恋多き動物種だ。

なにしろ、ホモ・サピエンスにはいわゆる「繁殖期」が存在しない。〝一定の年齢〟になれば、季節や場所を問わずに愛を語り、そして子をつくる。

動物全体を見渡せば、これは珍しい。ホモ・サピエンスに最も近縁とされるチンパンジーにさえ、繁殖期が存在するのだ。

では、太古の動物たちはどうだったのだろう？

恐竜の章①では、化石から性的二型に迫り、雄と雌を見分けられるかを議論した。ここからはテーマを変えて、「繁殖」について綴るとしたい。

恐竜類にも繁殖期があったのか？

それは、性別の議論と同様に難しい問題だ。化石でしかみることのできない恐竜類は、その行動を観察できない。そのため、繁殖の時期どころか、繁殖時のようすさえ定かではない。

恐竜類の繁殖について確実に言えることは、彼らが「卵生」だったということ。哺乳類のように子を直接産む「胎生」ではなく、鳥類や多くの爬虫類と同じような殻のある卵を産んでいた。卵を産むことによって自分たちの遺伝子を次世代に残し、数を増やし、1億7000万年間にわたる繁栄を築いたのだ。

恐竜は翼で誘う？

多くの動物にとって、「繁殖」は段階を踏むものだ。雄と雌が出会って、その後すぐに交尾を行うわけではない。交尾の前段階を踏む種は多く知られている。

例えば、インドクジャクの雄は、彩り鮮やかな羽根をもち、雌に対してその羽根をみせることで自身を売り込む「ディスプレイ」と呼ばれる求愛行動をとる。この求愛行動を成功させた先に、交尾がある。

インドクジャクを含む鳥類は、恐竜類の1グループである。つまり、太古の恐竜類の生き残りだ。滅んでしまった恐竜類は、いわば「鳥類の親戚」にあたる。そんな親戚たちもディスプレイをしていたのだろうか？

前章で紹介した「カーン（*Khaan*）」には、インドクジャクのようなディスプレイ用の尾羽があった可能性が指摘されていた。ただし、実際に知られているカーンの化石には、尾羽そのものも、尾羽の痕跡さえも確認されてない。

恐竜類は、求愛行動をしていたのだろうか？　求愛行動をしていたのならば、どのようなものだったのだろう？

結論から書いてしまえば、ほとんどの恐竜類において、求愛行動は謎に包まれている。

しかし、手がかりのある恐竜類もいる。

その恐竜類の名前は、「オルニトミムス（***Ornithomimus***）」。全長4メートルほどの二足歩行をする恐竜で、小さな頭と長い首と長い脚をもつ。姿がダチョウとよく似ていることから、近縁種とともに「ダチョウ恐竜」とも呼ばれる。足も速く、恐竜類屈指の快速を誇った。約7500万年前から約6600万年前の北アメリカ大陸に生息し、食性は植物食とみられている。

そんなオルニトミムスの求愛行動を指摘する研究は、カナダ、カルガリー大学のダーラ・K・ザレニトスキーや北海道大学の小林快次たちによって、2012年に発表された。

ザレニトスキーたちが注目したのは、カナダで産出したオルニトミムスの複数の化石だ。

いずれも保存状態が良く、1体は全長1・5

オルニトミムスの成体と幼体。成体には翼があり、幼体には翼がない。

メートルで推定年齢1歳未満の幼体、1体は全長3・6メートルほどで推定年齢10歳の成体だった。

そして、幼体には翼の痕跡がなく、成体には翼の痕跡があった。

この翼が、ディスプレイに使われた可能性があるという。


そもそも、恐竜類には翼を使って飛行していたとみられるものと、翼の有無にかかわらず飛行しない（できない）ものがいたことがわかっている。オルニトミムスは後者に属するため、「飛ぶための翼」を必要としない。

翼を振り回せば、小動物を攻撃する武器になるという見方もあるが、オルニトミムスは植物食性である。つまり、攻撃用の武器も必要としない。

現生の鳥類にも、ダチョウのように飛行しない種は存在する。彼らの翼は、主に走行時のバランサーだ。疾走中の方向転換時などに用いられる。しかし、オルニトミムスの骨格を分析すると、翼のない幼体であっても、それなりの速さで疾走できたという。つまり、バランサーとしての翼も必要としない。

そして、オルニトミムスの翼は、幼体になく、成体にある。

このことから、性成熟との関係性が注目された。

「繁殖が可能な個体には翼がある」。このことは何を意味するのか。シンプルに考えれば、インドクジャクのようなディスプレイの役割があったのではないか、ということになる。オルニトミムスの翼は、ひょっとしたら、インドクジャクの尾羽のような派手な色で、異性に自分を売り込むのに使っていたのかもしれない。

もっとも、オルニトミムスがどのような翼をもっていたのか、雄と雌でちがいがあったのか、などの点については明らかになっていない。今のところ、オルニトミムスに確認されているのは、翼の痕跡であり、翼そのものではないのだ。また、ディスプレイではなく、卵を抱くための専用、あるいは、兼用だった可能性もある。ある種の恐竜類の求愛や子育てに翼が必要だったとして、その使い方については、まだ議論が必要そうだ。


恐竜類の求愛行動に関する数少ない研究として、こんな論文も発表されている。

2016年、アメリカ、コロラド大学デンバー校のマーティン・G・ロックリーたちは、コロラド州に分布する白亜紀の地層の上に、全長2・5〜5メートルの小型の恐竜類が残したものとみられる〝引《ひ》っ掻《か》き傷〟を報告した。地層を抉《えぐ》るように掘られた場所に、二足歩行の恐竜（おそらく肉食恐竜）が残したであろう爪の痕跡が残っていたのだ。ロックリーたちによると、「求愛行動の痕跡」であるという。

この結論に至るまでに、次の四つの仮説が検証されている。

一つ目は、「巣」をつくる際につけられたものであるという仮説。

二つ目は、「食料や水を求めて」穴を掘った際につけられたものであるという仮説。

三つ目は、なんらかの「縄張り」を示すものとしてつけられたという仮説。

四つ目は、なんらかの「求愛行動」の結果、つけられたものであるという仮説。

一つ目の「巣」については、「地層を抉るように掘られた場所」自体は確かに巣に見えなくもない。しかし、巣を示す他の証拠が一切見当たらないことから、ロックリーたちは、この仮説を否定した。卵の殻や胚といった痕跡が残っていなかったのだ。

二つ目の「食料や水を求めて」穴を掘ったとする説については、現在でもゾウなどでそういった行動がみられるという。しかし、地下に食料（獲物となった小動物など）の痕跡が確認できなかったこと、また、もしもここを掘ることで水が出たとしても、その水によって爪の痕跡が削られる可能性が高いことなどから、この説も否定された。

三つ目の「縄張り」に関しては、現生の哺乳類にはみられるものの、現生の爬虫類や鳥類にはみられないことから、可能性が低いとされた。

結果として、四つ目の「求愛行動」の仮説が残された。実際、求愛行動の際に地面を抉る（削る）行為は、オーストラリアに生息する〝飛べないオウム〟のカカポなどにみることができるという。ロックリーたちの論文には、顔を上にあげ、首をそらし、足の爪でリズミカルに地面を削る、そんな求愛シーンの復元画が掲載されている。

この〝引っ掻き傷〟が、ロックリーたちが主張するように「求愛行動の痕跡」ならば、オルニトミムスの翼ともあわせ、恐竜たちには多様な求愛の仕方があったことになる。この場所で確認された〝引っ掻き傷〟は複数あることから、ここが集団求愛場……お見合い会場のような場所だった可能性も指摘されている。

恐竜たちの〝愛の巣〟

繁殖の段階としては、「求愛」ののちに、「交尾」がある。

残念ながら、この交尾方法も不明だ。なにしろ、雄の生殖器（ペニス）の化石が発見されていない。

恐竜類の生き残りである鳥類の多くと同じならば、恐竜類の交尾も総排泄孔をくっつけあう方式だったのかもしれない。

恐竜類に近縁のワニ類と同じならば、ペニスは、普段は雄の体内に収納されていたのかもしれない。そして、雄は雌に半ばのしかかりながら、雌の生殖器に力任せでペニスを挿入していた可能性がある。

いずれにしろ、交尾ののちに卵がつくられて（この期間の長さも不明だ）、その次の段階は「産卵」となる。このとき、彼らは「巣」をつくっていたはずだ。絶滅した恐竜類の産卵という行為自体は観察することはできないけれども、「巣」は、化石に残る。

本章の監修者である筑波大学の田中康平は、2018年にザレニトスキーたちと連名で恐竜類の多様な営巣方法に迫る研究を発表している。

この研究では、192例に及ぶ恐竜類の巣の化石のデータから、それらの巣がどのような場所でつくられたのかを分析した。

例えば、「竜脚形類《りゅうきゃくけいるい》」の巣である。竜脚形類は、小さな頭、長い尾、大きな胴体に柱のような四肢、長い尾を特徴とする植物食恐竜のグループだ。全長20メートル超級の種も珍しくない。「巨大恐竜」の代名詞としても知られている。

田中たちの分析によると、温暖な地域で暮らしていたある種の竜脚形類は、砂の中に軽く穴を掘り、そこに卵を産んでいたという。一つの穴に産む卵の数は20～40個。産んだ後に砂をかけていただろうが、その後の世話はいっさいしない。田中たちは、温暖な地域だからこそ、こうした「産みっぱなし」でも卵は孵化《ふか》したとみている。太陽光や、太陽光で温められた地面の熱が孵化に一役買った、というわけだ。

産卵直後の竜脚形類の巣。多くの卵を「産みっぱなし」にしていたとみられている。

田中は、雑誌『みすず』の記事で筆者が取材した際に、竜脚形類がたくさんの巣を同時につくり、多くの卵を産んでいた可能性を指摘している。

同時に多数の卵を産み、そして、産みっぱなしで、世話をしない。これは、「r戦略」と呼ばれる繁殖戦略だ。現生種をみても、ほとんどのカメやワニ、カエルといった動物がこの戦略を採用する。

産みっぱなしは、子にとってリスクが高い。文字通り手も足も出ない卵の期間を無事生き延びることができるか。無事、孵化したとして、成体になるまで成長できるか。親の保護なしでは、生存の確率は高くない。

だからこそ、数が必要となる。

1個体、2個体が孵化や成長の過程で失われたとしても、多数の〝同期〟がいることで、生き残りが次世代にその遺伝子を伝えていく。

多数を産み、世話をしない。世話に使うエネルギーを、多くの卵を産むことに使う。それが、「r戦略」なのだ。ちなみに、繁殖戦略には「K戦略」もある。これは、多くの鳥類や哺乳類が採用するもので、少なく産んで、しっかりと子育てをする。

竜脚形類のなかには、別の方法で卵を孵《かえ》す種もいたらしい。

彼らは、産んだ卵を植物で覆っていた可能性があるという。卵化石の埋まっていた地層の状態が、植物の存在を示唆していた。植物が発酵するときに発する熱を利用して卵を温めていたのではないか、と田中たちは指摘する。植物を活用することで、より涼しい地域でも繁殖ができたとされる。

竜脚形類だけではなく、「ハドロサウルス類」と呼ばれるグループもこの方式を採用していたようだ。ハドロサウルス類も植物食恐竜の一つ。ただし、竜脚形類ほどに大きくなる種は少なく、最大でも10メートル級。ツノやフリル、トゲや装甲といった目立った装飾をほとんどもたず、一部の種だけがトサカをもつ。

そして、〝恐竜界のロミオとジュリエット〟ことカーンを含むオヴィラプトロサウルス類やその近縁のグループで成体が卵を抱いていたことは、化石の発見から明らかになっている。円を描くように配置された卵の上で、卵を抱くように死んだ成体の化石がみつかっているのだ。その姿勢は、現生鳥類にみられる「抱卵」とそっくりだ。

そもそも「円を描くように卵を配置」することは、その円の中心に成体（親である可能性が高い）の入るスペースがあったことを意味している。つまり、卵を温めるためなのか、あるいは逆に、日射を遮って卵が温まりすぎないようにするためなのか、それとも外敵から守るためなのかは不明だが、このタイプの巣では、成体が世話をしていた可能性が高い。

そして田中によると、この方法を採用することで、恐竜類は冷涼な地域でも、そして、周囲に発酵熱を出しそうな植物がない場所でも、卵を産み、育てることができるようになったという。ホモ・サピエンスのように「季節や場所を選ばずに愛を語り、子をつくる」とはいかなくても、それに近いことができる恐竜類もいたのだ。

オヴィラプトロサウルス類の巣。円を描くように卵を配置し、成体が世話をした可能性が高い。

恐竜類のなかには、産卵場所に〝温泉地〟を選ぶ種類もいたらしい。

アメリカ、フィールド博物館のジェラルド・グレレット＝ティナーと、アルゼンチンの学術調査技術移転中央研究所のルーカス・E・フィオレッリは、かつて温泉があった場所の近くで、80もの竜脚形類の巣の化石が発見されたことを2010年に報告している。

グレレット＝ティナーとフィオレッリによると、この営巣地では地中の熱を使って卵を温めていた可能性があるという。殻には厚みがあり、温泉の〝酸〟に対する耐久性もあったと指摘されている。

もっとも、この営巣地でみつかる卵化石のすべての殻が厚いわけではない。そのなかには、薄い殻もあった。これは、もともと厚かった殻が温泉の酸で溶けて薄くなり、その結果として、卵の中の赤ん坊が孵化する頃にちょうど割りやすい薄さになっていたのではないかとも考えられている。

子育ては、男の仕事？

現代の人間社会では、積極的に子育てに参加する男性も増えてきた。とくに日本では、そんな男性を指して「イクメン」という言葉が使われることがある。

2019年に内閣府が発表したレポートによると、日本において、妻が妊娠中に仕事を休んだ（休暇を取得した）夫の割合は、46・1パーセント。出産後2か月以内に休暇を取得した夫の割合は、58・7パーセントであるという。休暇の日数は、「6日以上10日未満」が27・4パーセントでトップ、「10日以上」が25・2パーセントと続く。

いわゆる「育休」と呼ばれるこの休暇期間に、夫は家事や育児、諸々の事務手続きなどを行っていると、レポートは記している。ちなみに、休暇日数を問わず、「育休を取得して良かった」「まあ良かった」の合計割合は、80パーセントを超える。

これをもって「日本の男親は、育児を頑張っている」と結論づけるのは早計だろう。なにしろ、40パーセント以上の夫は、妻が妊娠しても、出産しても、育児のための休暇をとっていない。一方で、育休を取らずに（取れずに）子育てに励んでいる夫もいるだろう。

もちろん、本書で、日本の育児問題を議論するつもりはない。

ここで考えたいのは、恐竜類ではどうなのだろうということだ。

一部の恐竜類が子育て……少なくとも、抱卵をしていたことはどうにも確からしい。先に述べたように、例えば、カーンのようなオヴィラプトロサウルス類には、卵を抱いた姿勢のまま化石となった成体が確認されている。

その成体がそこにある卵の親であろうことも、まあ、ほぼ確実だろう。自然界においては、自分の遺伝子を次世代に残すことが最優先であるからだ。自分の子（卵）でなければ、からだをはって守り、世話をする理由はない。

では、その親は、父なのか。それとも、母なのか。

哺乳類において、母が子育てに関わる大きな理由の一つが、「乳の必要性」だ。哺乳類では、生まれた子に乳を与えて育てる必要がある。そして、乳は母が体内でつくり、与えるものだ。父は乳を自分の体内でつくることはできない。結果として、子のそばに母がいることが多くなる。

しかし、乳を与える必要がない動物は、必ずしも母が子育てをするわけではない。例えば、現生の鳥類においては、実に9割以上のケースで、父が子育てを行うという。

アメリカ、モンタナ州立大学のディヴィッド・J・ヴァリッキオたちは、オヴィラプトロサウルス類のように「卵を抱いていた（子育てをしていた）可能性の高い恐竜類」について、子育てを雌雄のどちらが担当していたか、その性別特定に挑戦している。

2008年に発表されたその研究では、まず、巣の体積と親の体重の関係が注目された。

現生鳥類において巣の体積と親の体重を比較した場合、「母のみが卵の世話をするパターン」「父のみが卵の世話をするパターン」「両親で卵の世話をするパターン」の三つに分けることができるという。

そして、ヴァリッキオたちは、オヴィラプトロサウルス類などの巣の体積と親の体重の関係は、「父のみが卵の世話をするパターン」に近いことを指摘した。

さらにヴァリッキオたちは、親の「骨髄骨」の有無も調査している。

骨髄骨は、産卵に際して雌が骨の中につくる構造だ。卵をつくる際に、殻の材料を自分の骨の内部から捻出するため、痕跡が残る。この痕跡が、骨髄骨だ。前章で、雌を特定するための決定的な証拠として紹介したアレである。

ヴァリッキオたちの調査によれば、巣の上に横たわっていた親の化石には、この骨髄骨がなかったという。つまり、卵を産んだ痕跡がなかった。

卵がそこにあり、自分で守っているにもかかわらず、骨髄骨がない。

こうした状況から、ヴァリッキオたちは、「オヴィラプトロサウルス類などでは、父が卵の世話をしていた」と指摘している。

子育ては、雄《オトコ》の仕事だったわけだ。

ただし、ヴァリッキオたちが用いたこの〝二つの証拠〟には反論があり、議論が続いている。

巣の体積と親の体重の関係に関しては、データの計算方法次第で変化するものであるし、骨髄骨は、それ自体が化石に残ることが実は稀であり、化石化の過程で失われる可能性もある。骨髄骨はあくまでも「あれば雌とわかる」というもので、「なければ雄である」と判断されるものではない。議論も続くというものだ。

もっとも、この「父による子育て」にはメリットがある。

母が子育てをするのであれば、母はそのための体力を産卵後に残しておかなければならない。しかし、子育てをしなくていいのであれば、母は産卵により多くの〝エネルギー〟を割くことができる。そのエネルギーを使えば、より頑丈な卵を産んだり、産む数を増やしたりすることができる。「種を残す」という視点に立てば、父による子育ては、とても合理的なのだ。

父の子育ては、母の負担を減らし、種の繁栄につながるのである。

子育てのやり方は、一つじゃない

オヴィラプトロサウルス類など鳥類に近いグループの恐竜類は、「卵の世話」という形の子育てを行う。父の仕事なのか、それとも、母の仕事なのかという疑問は別として、子育てをすること自体はどうにも確からしい。

では、円形の巣を形成しない、つまり、親が抱卵するスペースのない巣をつくる恐竜類は、どうなのだろう？　産んだら「はい、あとは自分でね」と世話をしないのだろうか？

この問いに対する一つの答えとして、田中たちが2019年に発表した研究がある。

田中たちは、モンゴルに分布する白亜紀後期の地層から、「テリジノサウルス類」のものとみられる巣の化石を発見した。

テリジノサウルス類は、二足歩行型の恐竜グループで、小さな頭部にやや長い首、大きな爪のあるやや長い前脚が特徴の恐竜たちである。グループの代表的な存在であるテリジノサウルス（*Therizinosaurus*）は、全長10メートルとなかなかの大きさで、腹部がでっぷりとしていた。主食は植物であったとされ、そして、球形に近い卵を産んだことで知られている。

このとき、田中たちが発見した巣化石は、1つだけではない。

約300平方メートルの範囲に、少なくとも15の巣があった。そして、巣の中には、直径13センチメートルほどの卵化石がそれぞれ3〜30個残っていた。

大規模な営巣地である。

ただし、奇妙なことが二つあった。

一つは、これほど多くの巣と卵の化石がありながら、赤ん坊の化石が発見できなかったのだ。卵の中に胚の化石はないし、卵の外にも幼体の化石がない。

もう一つは、卵の化石の内部である。周囲の地層とは異なる泥や〝小石〟（正しくは、「ノジュール」と呼ばれる塊）が詰まっていた。

田中たちは、この二つの奇妙な点に注目し、これらの卵は孵化後に残された殻であると推理した。

胚も幼体も化石がない理由は、すでに孵化して卵からも巣からも出て行ったから。

卵の化石の中に周囲の地層と異なる泥や小石が詰まっていた理由は、営巣地全体が土砂に埋まるよりも前に（営巣地全体が土砂に埋まり地層に埋没したからこそ、化石として残り、発見につながったのである）、卵の中身が空になっていて、そこに土砂が流れ込んだから。

つまり、この営巣地は「子育てが終わって放棄された場所」というわけだ。

そして、注目されたのは、その「孵化の成功率」である。15の巣のうち、孵化に成功した巣はいくつあったのか？

田中たちの調査によると、9の巣において、雛が抜け出た形跡がみつかったという。つまり、それらの巣の卵は孵化していたと考えられる。その成功率は、15分の9で60パーセントだ。

現生のワニ類や鳥類と比較すると、この値は「周囲に親がいて、巣を守るケース」に相当する。このことから、テリジノサウルス類の親たちは、産卵したのちもその場にとどまって、卵を見守り、外敵から保護していたと田中たちは考えている。

父かもしれない。母かもしれない。兄や姉かもしれない。あるいは、集団営巣地ということを考えれば、警戒・護衛を担当する個体がいたのかもしれない。

ともかくも、成体《オトナ》の姿がそばにあったというわけだ。

なお、この発見の経緯は、田中の著書『恐竜学者は止まらない！――読み解け、卵化石ミステリー』（創元社）と、この論文の執筆メンバーの一人であり、発見者の一人で田中の師でもある小林快次の著書『恐竜まみれ――発掘現場は今日も命がけ』（新潮社）に臨場感たっぷりで書かれている。未読の方は、ぜひ、ご一読されたい。刊行順から考えて、先に『恐竜まみれ』を、次に『恐竜学者は止まらない！』を読むことをおすすめする。

孵化日数が、絶滅の分水嶺に？

恐竜の卵（と胚）に関しては、近年、いくつもの新発見が続いている。

例えば、アメリカ、イェール大学のジャスミン・ウィエマンたちは、とくに鳥類に近縁とされる恐竜の卵殻に、クリーム色や青緑色といった色があったことを報告している。

孵化日数に関わるものもある。

それは、アメリカ、フロリダ州立大学のグレゴリー・M・エリクソンたちが2017年に発表した研究で、対象とされたのは、「プロトケラトプス（***Protoceratops***）」と「ヒパクロサウルス（***Hypacrosaurus***）」だ。

プロトケラトプスは、成長すると全長2・5メートルほどの大きさになる「角竜類」。ただし、角竜類とはいっても、目立ったツノをもたない。恐竜の章①では、性的二型の研究における〝はじまりの恐竜〟と紹介した。ヒパクロサウルスは、全長8メートルほどにまで成長するハドロサウルス類の一員で、成長にともなってトサカが発達することで知られている。ともに植物食恐竜であり、現生の鳥類とは〝遠縁〟に位置づけられている。

エリクソンたちは、この2種の胚化石に残る歯に注目した。樹木に刻まれる年輪のように、一日ごとにつくられる線状構造の〝日輪〟が歯に残されていることを見いだし、その線の数を調べたのだ。

これによって、胚に歯ができてからの日数がわかる。

もっとも、この方法でわかるのは、胚に歯ができてからの日数だ。歯ができる前の期間の推測には使えない。そこで、胚に歯ができるまでにかかる日数は、現生のワニ類を参考に見積もられた。

その結果、プロトケラトプスの孵化日数は最短で83・16日、ヒパクロサウルスの孵化日数は最短で171・47日であると算出された。同サイズの胚をつくる現生種と比較すると、例えばプロトケラトプスの場合、鳥類よりも43日以上長く、爬虫類よりも16日ほど短いという。

エリクソンたちは、「鳥類よりも43日以上長い」という点に注目した。そして、恐竜類のなかで鳥類だけが生き残り、その他のグループが絶滅した要因の一つとして、孵化日数が関わっていたのではないか、と指摘している。

孵化日数が長いということは、それだけ新しい世代が誕生するまでに時間がかかることを意味している。さらには、卵の状態でいる間にさまざまな気候変動のリスクに遭遇することになる。孵化後であれば、自分の棲《す》みやすい環境を求めて逃げることができるかもしれないが、卵であるうちは、当然のことながら移動はままならない。さらに、もしもその卵を成体が世話していたのであれば、成体にもリスクが及ぶ。

鳥類を除く恐竜類が絶滅した事件は、隕石《いんせき》衝突に端を発する気候変動に原因があったとする見方がほぼ定説となっている。孵化日数が長い恐竜類は、この気候変動のリスクに対応できず、滅んでしまったのではないか、というわけだ。

果たして、孵化日数は〝絶滅の分水嶺《ぶんすいれい》〟となったのか？

もちろん、たった2種の胚化石から恐竜類全体を議論することは、それなりに無理があるかもしれない。そもそも、日輪はともかくとして、ワニ類を参考にした「歯ができるまでの日数」の計算が正しいかどうかも不明だ。

現時点では、この研究は、「卵と胚からここまで推理することができる」という一つの例ととらえておいた方がいいだろう。


さて、〝性の研究〟で大いに注目されているプロトケラトプスには、一つの謎があった。

それは、卵化石にまつわる謎だ。

かつて、アメリカの探検家にして古生物学者のロイ・チャップマン・アンドリュースが、20世紀初頭の探検で〝史上初めて〟恐竜の卵化石を発見したとき、その卵はプロトケラトプスのものと判断された。

しかし、のちの研究で、その卵は別の恐竜のものと判明する。

その後、プロトケラトプスは、幼体から成体まで、多数の化石が発見された。それも保存状態の良いものが多い。それにもかかわらず、卵化石は長らく知られておらず、謎に包まれたままだったのだ。

エリクソンたちの2017年の研究でも卵の殻は確認されてはいたが、詳しい分析は行われなかった。

その謎の答えが、アメリカ自然史博物館のマーク・A・ノレルたちによって、2020年に報告された。ノレルたちが、エリクソンたちによって2017年に確認されていた卵化石を詳しく調べたところ、〝やわらかい卵殻〟であったことがわかった。

つまり、プロトケラトプスの卵化石が2010年代まで謎に包まれていたのは、その殻が化石として残りにくいものであったことが原因だったのかもしれないのである。

一つの新たな視点が加われば、研究が大きく進むことはよくある。

〝やわらかい卵〟という視点が加わったことで、恐竜類の繁殖活動に関しては、今後の大きな進展が期待できるかもしれない。

Chapter

3

アンモナイトの章

～ あの殻の性別は？ ～

数だ。

化石でしかみることのできない「古生物の性」を知るためには、「数」が必要だ。

恐竜類の性を探る際には、標本数が大きな障壁となって立ちはだかった。

どの個体が雄で、どの個体が雌なのか。そのシンプルな問いに対し、明らかなサンプル不足という現実が検証を困難なものにしていた。

しかも、それは単純に数があればいいという話でもなかった。全身の多くの部位が保存されている必要があった。特定の特徴を見いだすためには、欠けがあるとよろしくない。恐竜類の化石は、全身の保存率も決して高くないのである。

しかし、何も恐竜類だけが古生物というわけではない。太古の性をたどる旅には、恐竜類以外にも〝道〟がある。

古生物には、保存状態に優れた、それも膨大な数の化石を残しているグループがある。

その代表が、「アンモナイト」だ。

アンモナイトとは、1つの種を指す言葉ではなく、グループの名前である。かつて、「アンモノイド類」という海棲無脊椎動物の大きなグループがあった。アンモノイド類そのものは古生代からの歴史があり、「アンモナイト類」はアンモノイド類を構成するグループの一つとして中生代三畳紀前期（約2億

5100万年前〜約2億4700万年前）に出現した。そして、約6600万年前の中生代白亜紀末まで命脈を保った。当時、世界各地の海で大繁栄し、化石は日本でも多産する。

アンモナイト類の化石といえば、その「殻」だ。殻が化石として残る。カタツムリや巻貝の殻を平たくしたような、くるくると巻いた殻をもつ種がよく知られている。ただし、カタツムリや巻貝の殻は、殻の入り口から殻の奥までひとつながりであることに対し、アンモナイト類の殻の内部は、隔壁で細かく分割されている。

アンモナイト類の殻は、種によって形が異なる。殻の伸びる方向、巻きの密度、膨らみ、表面の凹凸やイボ状構造の有無といったさまざまなちがいがある。螺旋《らせん》を描いていない種だってある。こうした特徴によって分類されるアンモナイト類の種数は、実に1万を超える。その多様性から、アンモナイト類は、「化石の王様」とも呼ばれている。

アンモナイト類は種数も、発見されている化石の数も、恐竜類より桁違いに多いのだ。

アンモナイトの〝性交〟

アンモナイト類が属するアンモノイド類は、「頭足類」と呼ばれる、より大きなグループに属している。

頭足類は現存する無脊椎動物のグループで、タコ類、イカ類、オウムガイ類なども含まれる。つまり、平たく言えば、アンモナイトは、タコやイカ、オウムガイの〝親戚〟にあたる。

タコ類であっても、イカ類であっても、オウムガイ類であっても、頭足類には、雄と雌が存在する。

しかし、その姿を見ただけで頭足類の性別を特定することは難しい。水族館の水槽で泳ぐタコやイカやオウムガイを一目見て、「あ、あれは雄だ」と特定できる人は少ないだろう。

もっとも、ある部分に注目して観察していれば、それも不可能ではないかもしれない。

東京大学大気海洋研究所の岩田容子が２０１２年に発表した研究によると、イカ類の一つであるヤリイカ（***Heterololigo bleekeri***）は、まず雄たちの間で体色を変化させるなどの〝予選〟を行い、その後、雌に求愛を行うという。雄たちの努力というか、健気さというか……。

いずれにしろ、こうした体色の変化を捉えることができれば、その個体を雄であると特定できる……かもしれない。

そして誤解を恐れずに書いてしまえば、頭足類の性交は〝お淑《しと》やか〟だ。

そもそも頭足類は、卵生である。つまり、卵で増える。ただし、その生殖方法は、魚のように雌が産んだ卵に雄が精子をかけるわけではなく、陸棲動物のように雌の生殖器に雄の生殖器を挿入するものでもない。

頭足類の生殖は、まず、雄が自らの精子が入った「精包《せいほう》」をつくる。その精包を、雄は自分の腕で雌に渡すのだ。

つまり、「手渡し」である。

その後、雌の体内で受精する。精包を渡す雄のその腕は、「交接腕」と呼ばれる。

頭足類は多数の腕をもつが、そのなかで交接腕はやや特殊化している。タコ類の交接腕は先端付近に吸盤がなく、オウムガイ類のそれは他の腕よりも太い。この特徴を知っていれば、水族館の水槽で泳ぐ頭足類でも、交接腕をみつけて雄を特定することができる……かもしれない。

ほとんどの現生頭足類において、交接腕の有無が、外見から雌雄を特定するほぼ唯一の手がかりだ。

頭足類に属する以上、アンモナイト類も交接腕をもっていた可能性が高い。そして、交接腕を確認できれば、その個体は雄であるとわかる。

ここで、大きな問題に直面する。

これまでに「アンモナイト類の交接腕」と断言できる化石は、ただの1本も発見されていないのだ。

恐竜類のペニスが不明であることと同じように、アンモナイト類の交接腕も謎に包まれている。アンモナイト類の性の特定においても、生殖器や生殖器に類する「確かな証拠」を手がかりにすることができない。

殻の形が語ることは？

生殖器に頼れないのであれば、次に頼るべきは「性的二型」である。性的二型とは、一つの種で雄と雌の形が異なる特徴のことだ。

ただし、同一種内の〝ちがい〟は、性差以外にも、年齢差や個体差などがある。そうしたさまざまなちがいから、生殖器に頼らずに雌雄を特定するためには、一定以上の標本数が必要となる。そうして集めた標本のなかに、種を二分するような特徴を見いだすことができれば、それは性的二型である可能性が高い。恐竜類では、この標本数が不足していた。

その点、アンモナイト類は多産がウリの古生物である。数え切れない数の標本が発見されている。殻の形も多種多様で、研究者たちは、この殻の形に〝何かの意味〟を見いだそうと挑戦を続けてきた。

例えば、「エンゴノセラス（*Engonoceras*）」という長径数センチメートルほどのアンモナイト類がいる。殻は円盤のようにスリムであり、その表面には凹凸（「肋《ろく》」という）がほとんどない。川で水切りをして遊ぶときに選ぶ石に似ている、といえば、伝わるだろうか。

例えば、「フィロセラス（***Phylloceras***）」という長径10センチメートル弱のアンモナイトは、殻が丸く膨らみ、その表面に肋がほとんどない。

例えば、「ハイパカントプライテス（***Hypacanthoplites***）」という長径数センチメートルほどのアンモナイトは、殻の膨らみはエンゴノセラスとフィロセラスのそれの中間くらいであり、その表面には肋が発達している。

いずれも膨大な数の標本が発見されており、殻の膨らみ具合は種の特徴として認識されている。スリムな殻のエンゴノセラス、丸く膨らんだ殻のフィロセラス、そして中間的なハイパカントプライテス。この殻のちがいは、何を意味しているのか？　もしかしたら、この3種類のうちのいずれか2種類は実は同一種で、殻の膨らみのちがいは性的二型であるという可能性はないのか？

しかし、アンモナイト類の研究史で先に注目されたのは、性的二型の可能性ではなく、「殻の膨らみは生息環境を反映する」という仮説だった。

1940年、アメリカ、テキサス・クリスチャン大学のガイル・スコットは、テキサス州に分布する白亜紀の海の地層から発見されたアンモナイト類の豊富な化石に注目した論文を発表した。

テキサス州では、近海でできた地層からは平たくスリムな殻のアンモナイト類の化石が多く産出し、沖合でできた地層からは丸く膨らみのある殻のアンモナイト類の化石が多く産出する。

基本的に近海の水深は浅く、沖合は深い。水深が浅ければ水圧が弱い一方で、水流の影響を受けやすい。逆に、深ければ水圧は強くなるが、水流の影響はほとんどない。

こうした環境のちがいが、殻の形状に現れているのではないか、というのである。

まず前提条件として、スコットは現生のオウムガイ類などを参考に、多くのアンモナイトが海底付近に生息していたと仮定した。生息していた水深を仮定しなければ、水圧の議論が進まないからだ。

そして、この仮定をもとに〝深さの推理〟が展開されていく。

まず、平たいスリムな殻は水流の影響を受けにくい一方で水圧に対して弱く、丸く膨らんだ殻は水流の影響を受けやすい一方で水圧に対して強いと考えた。

さらに、化石の産した地層、殻の膨らみ具合などから、エンゴノセラスのような平たい殻のアンモナイト類は強い水流のある近海の浅い海底に、フィロセラスのような膨らんだ殻のアンモナイト類は水圧の高い沖合の海底に生息していたと推測したのである。ハイパカントプライテスのようなアンモナイト類は、両者の中間の距離と深さの海底付近に生息していたというわけだ。そして、この生息場所のちがいが化石の産出する地層のちがいとなったとされる。

また、アンモナイト類にはフィロセラスよりもさらに膨らみのある殻の種類もいる。しかし、スコットが調査したテキサス州の地層からは、そのようなアンモナイト類の化石は発見されていない。スコットはこのことに対して、白亜紀の〝テキサスの海〟には、そうした膨らみの強い殻のアンモナイト類の生息に適するほどの深さはなかったと考えた。

スコットが示した「アンモナイト類の殻の膨らみ具合は、生息環境を反映する」という考え方は、その後、多くの研究でも指摘された。日本でも北海道の地層から産するアンモナイト類の化石の産出状況が類似の傾向をみせることが確認されている。

しかし、そうした研究であわせて指摘されているのは、アンモナイト類の化石の特異性だ。

彼らは、死後に殻だけとなったとき、その殻が浮いて移動した可能性が大いにある。

……であるならば、発見された地層の場所からアンモナイト類の生息場所を議論することは必ずしも正しいとはいえない。生きていた場所と死んで化石となった場所が異なるかもしれないからだ。

また別の反証として、本章の監修者である九州大学の前田晴良は、１９６０年にジョン・Ｂ・リーサイド・ジュニアとウィリアム・Ａ・コバンがアメリカ地質調査所の専門誌に寄せた論文を挙げる。

リーサイドとコバンのこの論文では、アメリカ、モンタナ州に分布する白亜紀の海でできた地層から採集された数千個体の「ネオガストロプライテス（***Neogastroplites***）」に注目している。

ネオガストロプライテスは、殻の表面に肋が発達したアンモナイト類である。

ポイントは、その「殻の膨らみ具合」だ。

例えば、「ネオガストロプライテス・アメリカヌス（***N. americanus***）」という一つの種のなかに、「薄くてスリムな殻をもつ個体」と「厚く膨れた殻をもつ個体」、そして、両者をつなぐ無数の「中間型の個体」があった。

そして、「ネオガストロプライテス」の名（属名）をもつ複数の種で、そのすべてに「スリムな殻をもつ個体」、「膨れた殻をもつ個体」、「中間型の個体」が確認されたのである。

さらに、モンタナ州のこの場所では、少なくとも数十万年にわたって、ネオガストロプライテスにこの〝種内の連続変異〟が引き継がれていったこともわかった。この間、生息環境によるちがいは確認されなかった。

つまり、生息環境が同じとみられる同種内でも、殻の形が多様であることが指摘されたのだ。

「アンモナイト類の殻の形状は、必ずしも生息環境を反映したものではない」と、筆者の取材に対して、前田は強調する。

アンモナイトの二次性徴

アンモナイト類の殻の形状のちがいは、何を意味しているのか？

実は、リーサイドとコバンの論文から遡ること5年。1955年に、イギリスのセント・ジョンズ・カレッジに所属するJ・H・カロモンによって、一つの可能性が提示されていた。

カロモンは、イギリスに分布するジュラ紀の海でできた地層から採集された200個体を超えるアンモナイト類の化石をまとめた。

このとき、同じ地層からよく似た姿の2種類のアンモナイト類の化石が、まるでペアを組むかのようにともに発見されることに気づいたのだ。

例えば、殻の表面に細かい肋が発達する「マクロセファライテス（*Macrocephalites*）」と「カムプトケファライテス（*Kamptokephalites*）」は、よく似た姿で、同じ地層から化石が発見されている。ただし、マクロセファライテスは、カムプトケファライテスの2倍ほどの長径があった。

同様の事例は、ほかにも複数のアンモナイト類に確認された。

カロモンは、こうしたサイズの異なるよく似た形の2種は、実は同種ではないか、と指摘した。

例えば、大きさのちがいは、雄と雌のちがいではないか、という。そして、ペアの大きい方を「マクロコンク」、小さい方を「ミクロコンク」と呼んだ。

リーサイドとコバンの論文で指摘された「膨らみ」と、カロモンが注目した「長径」。ともに「形」の指標だ。このうち、少なくとも「長径」に関しては、性的二型の可能性が示されたことになる。

1962年になると、ポーランドのワルシャワ大学に所属するヘンリーク・マコウスキーによって、ポーランドのジュラ紀の地層から産する「コスモセラス（*Cosmoceras*）」の仲間などに性的二型とみられるタイプがあると報告された。

コスモセラスは大きくても長径10センチメートルに満たないアンモナイト類で、殻には肋が発達し、さらに側面にはイボも並ぶ。

1962年の時点で、コスモセラス属は、複数種が報告されていた。そうした複数のコスモセラスのなかで、マコウスキーはより大型の「コスモセラス・（コスモセラス）・スピノスム（***C. (C.) spinosum***）」とより小型の「コスモセラス・（スピニコスモセラス）・アヌラトゥム（***C. (Spinicosmoceras) annulatum***）」が実は同種であり、性的二型の関係にあると指摘した。マコウスキーがこの論文を執筆するにあたって収集した標本の数は、前者は43個体、後者は36個体、合計79個体だった。

マコウスキーは、「性別の特定」にまで踏み込んでいる。現生のオウムガイ類で雌が雄よりも大きいことなどを参考に、大型のタイプが雌で、小型のタイプが雄であるとした。なお、マコウスキーは論文中で採用していないが、カロモンの言葉を使うならば、大型のタイプはマクロコンク、小型のタイプはミクロコンクとなるだろう。

そして1963年には、カロモンが性的二型に関してのまとめとなる論文を発表している。そのなかで、アンモナイト類にみられるマクロコンクとミクロコンクという性的二型は、〝二次性徴〟の結果として、〝成熟した個体〟に現れることが指摘された。

こうした研究でみえてきたのは、アンモナイト類には性的二型が存在する可能性が高いということだ。数十を超える圧倒的な数の〝良質〟な標本が、恐竜類にはない「数的根拠」となる。すべての種ではないにしろ、アンモナイト類には雌雄でサイズが異なる「マクロコンク」と「ミクロコンク」をもつ種がいくつもいたらしい。

一方で、本来は一つの種の性的二型でありながら、別種として認識され、学名がつけられてきた実態もみえてきた。カロモンやマコウスキーが論文中で具体例として挙げた性的二型は、いずれも別種として報告されたものだった。マクロコンクとミクロコンクは、それほどまでにサイズが異なる。

ただし、よく似た姿をしていて、サイズが異なれば、それがマクロコンクとミクロコンクの性的二型であるとは必ずしもいえない。「本当に別種」である可能性も低くはない。

そこでカロモンたちは、よく似た2種類のアンモナイト類の化石があったとして、それが性的二型の関係にあると判断するためには、次の三条件がすべてクリアされる必要があると指摘している。

一つ目の条件は、性的二型はあくまでも「成熟した個体」に確認されるということ。

二つ目の条件は、成熟するまでの「幼年期は、雌雄で酷似している」ということ。

三つ目の条件は、性的二型となったものには、その「中間型が存在しない」こと。

それぞれの条件について、詳しくみていこう。


まずは、一つ目の条件だ。

成熟《オトナ》しているか否かは何をもって判断すれば良いのだろうか？　人間社会では成人とされる年齢が法律で定められているが、それを自然界の他の生物に当てはめるわけにはいかない。そもそも法で定めた成熟の定義が生物学的な成熟の定義と一致するわけでもない。

成熟の指標には、一般に「成長が一段落したこと」がポイントになる。成熟すれば、多くの動物種で成長が止まるか、成長速度が鈍化する。

ここで注目されるのは、ミクロコンクとマクロコンクのちがいだ。

両者のちがいは、実はサイズだけではない。

ミクロコンクには、殻口の先端に〝にょきっと伸びた薄い突起〟がある。「ラペット」と呼ばれるこの突起は、一定サイズ以上のアンモナイト類にはみられない。

マクロコンクでは、殻口の先端がアルファベットの「S」のようにくびれる。このくびれのある種は、それ以上に大きくならない。

すなわち、ラペットやS字のくびれは、ミクロコンクとマクロコンクの〝成長の到達点〟といえる。

成長の到達点に達する前に性成熟した可能性がないわけではない。実際、ヒトの性成熟は成長の到達点よりも前に起きる。しかし、成長の到達点に達していれば、性成熟していることは確かだ。

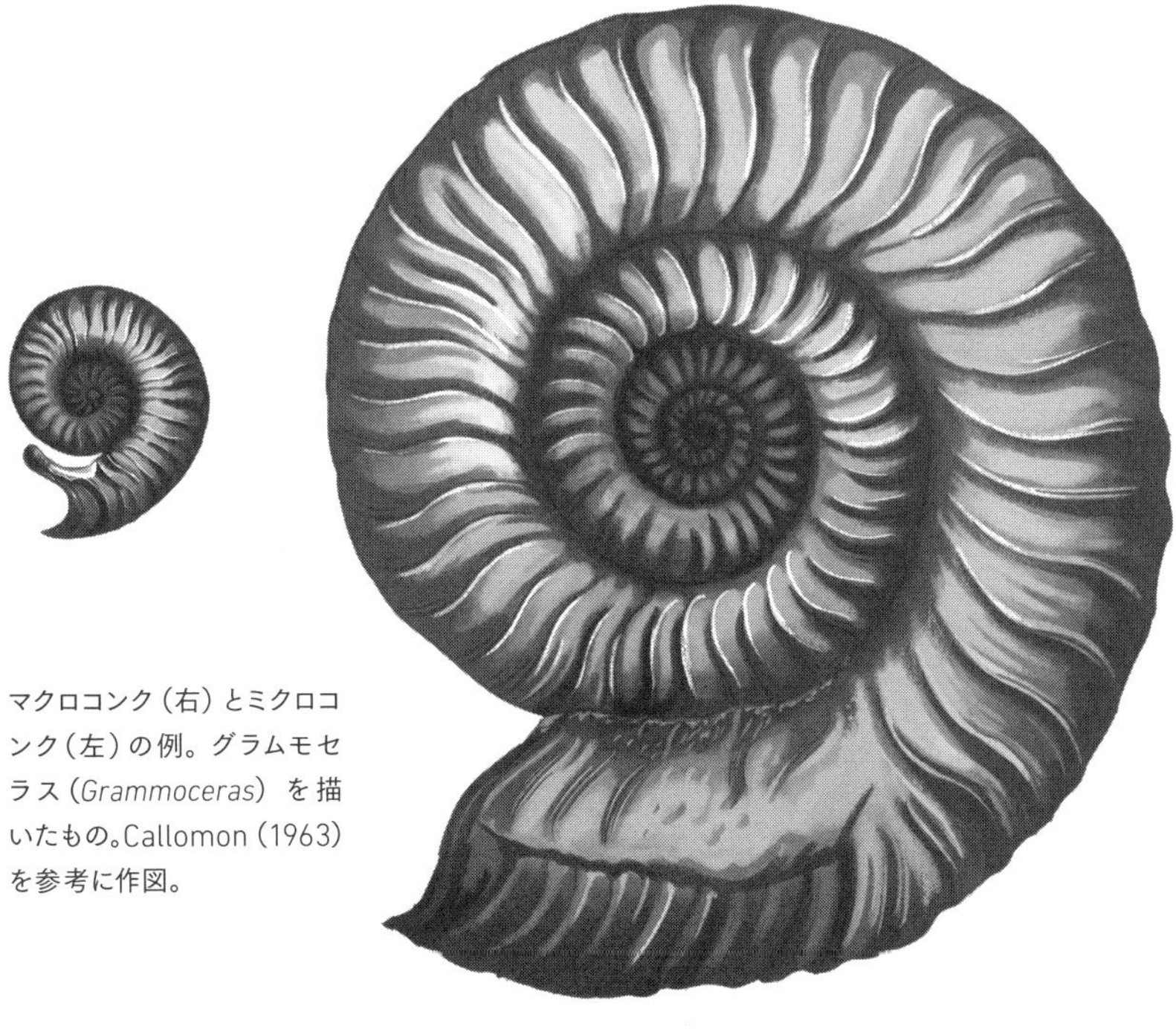

マクロコンク（右）とミクロコンク（左）の例。グラムモセラス（*Grammoceras*）を描いたもの。Callomon（1963）を参考に作図。

つまり、ラペットやS字のくびれを化石に確認できれば、その個体は成熟しているとみなすことができる。

二つ目の条件は、カロモンの「〝二次性徴〟の結果として」という言葉でも象徴されるだろう。私たちヒトがそうであるように、二次性徴が始まるまでは、雌雄の姿は互いによく似る。

実は、アンモナイト類の「二次性徴が始まる前の姿」は、殻に〝記録〟されている。これも、アンモナイト類の優れた特徴といえるだろう。

そもそもアンモナイト類は、殻を〝継ぎ足して〟成長したと考えられている。中心から始まって、外側に向かって殻を伸ばしていく。逆に言えば、中心に近い殻の形は、そのまま幼い頃の姿となる。

ある2タイプのアンモナイト類の化石があり、それがマクロコンクとミクロコンクの関係にあるならば、マクロコンクの成長初期につくられた殻は、ミクロコンクと似ているはずなのだ。

三つ目の条件は、マクロコンクとミクロコンクに「明確に」分けられることが意味されている。性差である以上、成熟した個体に「雄と雌の中間型」は存在しないはずである。

ここでも、「化石の数」が必要だ。マクロコンクとミクロコンクの「中間型が存在しないこと」を周囲に納得させるための、一定の個体数である。「存在しない」のではなく「発見されていないだけ」という可能性を潰さなくてはいけない。10個体を調べて中間型はないと主張する場合と、100個体を調べて中間型はないと主張する場合では、後者の方が圧倒的に説得力をもつ。アンモナイト類の膨大な数の化石量は、この主張を裏づける。

こうした条件をクリアした一例を、本章監修者の前田が、1993年に発表している。それは、北海道で発見された4タイプのアンモナイト類に関するものだ。これらは、1993年以前、肋の発達具合や殻にイボがあるなどのちがいから、4種に分けられるとみられていた。

前田は、この4タイプのうち、大型の2タイプについて別種に分けられるほどの〝明瞭な特徴〟がないこと、また残りの小型の2タイプも同様であることを指摘した。つまり、この段階で、4タイプのアンモナイト類は4種ではなく、大小の2種である可能性が示された。

そして、成長過程が酷似していること、成熟の証、成熟個体に中間型がないことなどを確認し、大型タイプをマクロコンク、小型タイプをミクロコンクとして、すべてを「ヨコヤマオセラス・イシカワイ（***Yokoyamaoceras ishikawai***）」という単一種にまとめた。

性的二型のあるアンモナイト類は、つまり、次のような一生を送ったのだろう。

雄も雌も、幼い頃は同じように育っていく。しかし、二次性徴が始まると、一方は成長をやめ、殻口にラペットをつくる。これが、ミクロコンクとなる。

一方は、二次性徴期間中も大きくなっていく。そして、殻口付近がくびれると成長をやめる。これが、マクロコンクだ。


1962年のマコウスキーの論文では、性的二型に関する条件に、「2タイプの化石の産出数がほぼ同じ」という条件も加えられている。確かに、雄と雌の数がほぼ同数であることは、自然界の摂理といえるかもしれない。どちらかの性が極端に多ければ、絶滅につながっていく可能性があるからだ。

しかし前田は、「その条件は、アンモナイト類に関しては、必ずしも成立しない」と指摘する。

殻の大小で化石のなりやすさにちがいが発生するかもしれないし、殻の浮きやすさなどが異なることも考えられる。死後に別の場所に運ばれて化石となった可能性もある。

生きていたときは雌雄同数であっても、死んだのちに化石となって発見される数が同数とは限らない。化石として発見されるまでの〝死後の時間〟も考慮しなければいけない。

アンモナイト類のオスを特定か？

かつてマコウスキーは、ミクロコンクを雄、マクロコンクを雌と考えた。これは、現生のオウムガイを参考にした一つの見方だったが、なにしろ例外も多く、はっきりと断定できるレベルではなかった。結局のところ、アンモナイト類の生殖器が未発見であることが、すべての原因だ。殻の大小とラペットなどの特徴によって二つに分けることはできても、雌雄の特定には至っていない。

そんな悩ましい状態が、半世紀以上も続いてきた。

2021年、スイス、チューリッヒ大学のクリスチャン・クルーグたちが発表した論文は、この議論を一歩先へ進めることになるかもしれない。この論文で、アンモナイト類の軟体部が報告されたのである。

それは、ドイツ南部に分布する約1億5000万年前のジュラ紀後期の地層から産出したもので、横17・5センチメートル、縦16・5センチメートルの母岩の上に載っていた。一見すると濃淡のある染みだが、その〝染み〟には連続性があり、そして、その端にはアンモナイト類のものとみられる「顎の化石」があった（アンモナイト類には、硬質の顎がある。これは頭足類共通の特徴でもあり、「カラストンビ」とも呼ばれ、顎の周りの肉は酒の肴としても有名だ）。

この顎の化石が決め手となり、クルーグたちはこの〝染み〟をアンモナイト類の軟体部であると特定。〝染みの濃淡〟は臓器のちがいを表したものであるとし、現生のオウムガイ類の内臓と比較することで、〝染みの濃淡〟が示す臓器を推定していった。そして、そのなかに、精子嚢《せいしのう》とみられる部分と、交接腕の可能性がある部分もあった。

精子嚢と交接腕。つまり、この軟体部のもち主は、雄ということになる。

次に、クルーグたちは軟体部の端にあった顎の化石から、このアンモナイト類のグループを絞り込んだ。実はアンモナイト類の顎は、グループごとに形状が異なるという特徴がある。そして、特定したグループのなかでも「サブプラニテス（*Subplanites*）」というアンモナイト類である可能性が高いとした。

サブプラニテスは、化石が発見された地層で多数の殻化石が産出しているアンモナイト類である。

ここで注目したいのは、サブプラニテスの殻の化石に、ラペットが確認できる標本があるという点だ。そのため、かねてより「サブプラニテスは、別種とされるアンモナイトと対になるミクロコンクなのではないか」との指摘があった。

ラペットのあるサブプラニテス（とみられる軟体部の化石）に、精子嚢と交接腕（とみられる構造）がある。この点に着目し、クルーグたちは「今回の発見は、ミクロコンクが雄であるという仮説を裏づける」と書いている。

ついに、待ちに待った決定的な証拠がみつかった……！　と喜ぶのはまだ早い。

そもそも、クルーグたちが報告した標本は、「軟体部と顎だけ」だった。この軟体部が、サブプラニテスのものだったとして、なぜ、殻をともなっていないのかが謎である。軟体部よりも殻の方がよほど化石になりやすいはずなのに……。実際、サブプラニテスの殻の化石は豊富に発見されているのだ。

また、軟体部が残っているとはいっても、なぜか、腕は1本も残っていなかった。交接腕らしきものはあるが、これは漏斗《ろうと》のようにも見えた。アンモナイト類が他の頭足類と同じつくりをしているのであれば、漏斗をもっているはずである。実際、クルーグたちは、漏斗である可能性の方に重きを置いて論文を進めている。その意味で、この化石は「交接腕と断言できる化石」ではない。〝決定的な証拠〟は、未だ発見ならず、だ。

クルーグたちは、これらの疑問に関して、二つの仮説を提示している。

一つは、この個体が死んで腐っていく際に、殻と軟体部をつなげている部位が真っ先に腐り始めたという仮説だ。この場合、病気や老衰などで死んだ個体がまだ浮いているときに、殻から軟体部と顎がずり落ちて、海底で化石化したということになる。

もう一つは、この個体が生きているときに襲われ、軟体部と顎が殻から引きずり出されたという仮説である。襲撃者はその後、軟体部を〝なぜか〟手放し、結果的に軟体部だけが海底に落ちて化石化したという。ずいぶんとオッチョコチョイな襲撃者である。この引きずり出される過程で腕がちぎれたのかもしれないとクルーグたちは指摘している。

いずれにしろ、この標本は本当に軟体部の化石なのか、軟体部だとして、サブプラニテスのものであるということは確かなのか。こうした疑問に答えるためには、やはり「殻と一緒に軟体部が発見されること」が必要だろう。

今回の報告が、アンモナイト類の雌雄確定につながる呼び水になるのか。今後の発見に期待したいところだ。

〝ヒモ生活〟をするオトコ⁉

アンモナイト類の性的二型は、殻のサイズやラペットの有無などのちがいはあれ、基本的に「姿は似ている」。

……とは限らないかもしれない、という例が、実はある。

ヨーロッパのジュラ紀の地層から化石が産出する「フリクティセラス（*Phlycticeras*）」と「オエコプティキウス（*Oecoptychius*）」の関係がそれだ。

フリクティセラス（右）とオエコプティキウス（左）。その化石は、常に同じ地層から産する。Klug et al.(2015)を参考に作図。

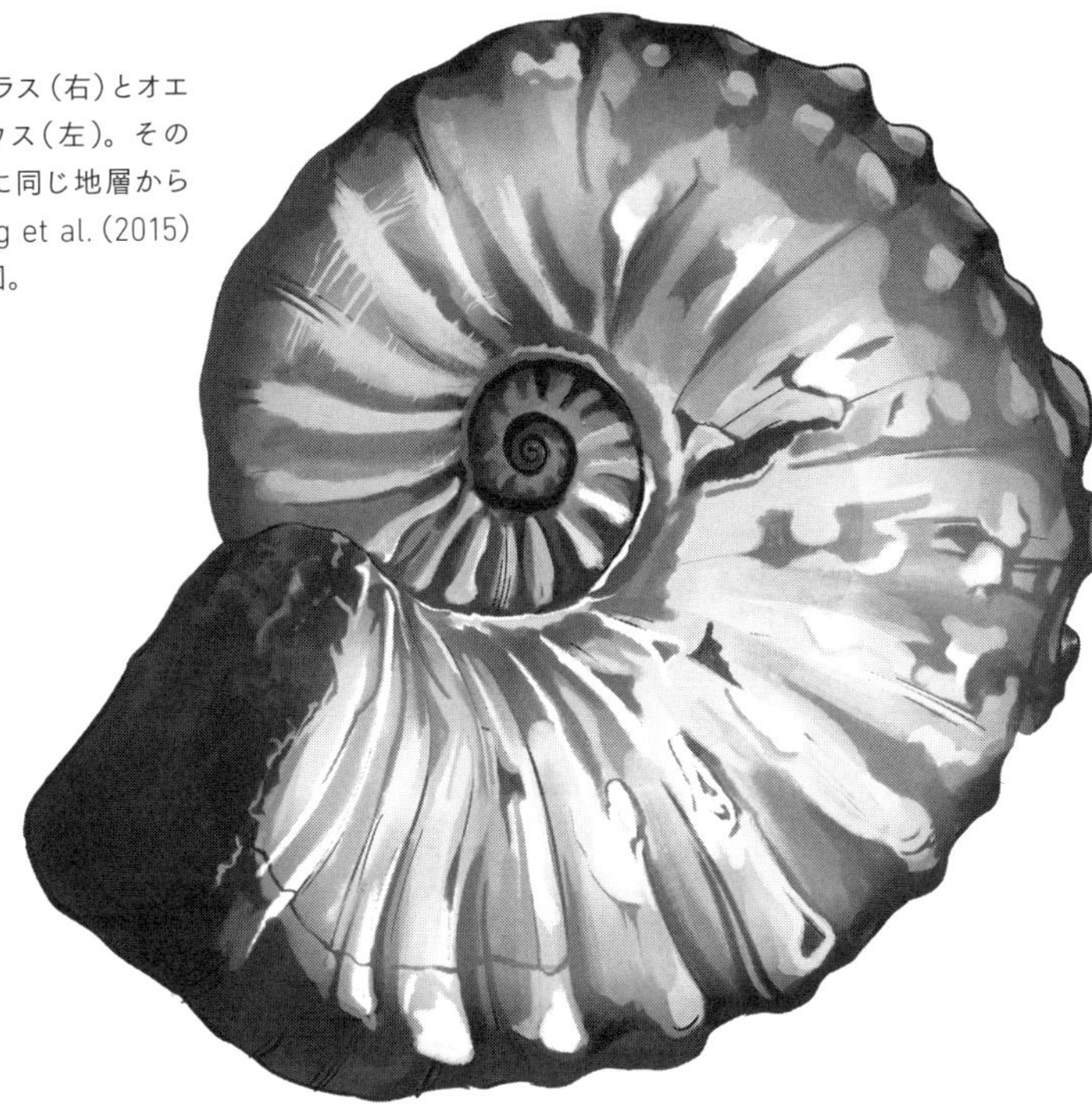

フリクティセラスの殻は、平面状に螺旋を描き、殻の表面には肋が発達する。その大きさは、長径15センチメートルほど。

一方、オエコプティキウスは、殻の長径が2センチメートルほどとフリクティセラスの7分の1以下のサイズ。殻はまるでラグビーボールのようにひしゃげた螺旋を描き、表面には細かな肋が並ぶ。

一見して別種だ。実際にそう考えられているからこそ、別の学名がつけられている。

しかし、この2種類の化石は同じ場所から発見され、しかもともに暮らしていた期間は実に数百万年を超えることがわかっている。

そのため、フリクティセラスとオエコプティキウスは実は同種であり、フリクティセラスがマクロコンク、オエコプティキウスはミクロコンクではないか、と20世紀末から指摘されてきた。ただし、その関係は、カロモン以降の「性的二型を判断するための三条件」のうち、「中間型が存在しない」という一つの条件しか満たさない。成長期の姿も大きく異なる。

ここで注目されるのは、現生のアオイガイ（***Argonauta argo***）とその仲間だ。アオイガイは、「カイ（貝）」とはいうものの、タコ類である。ただし、「カイ」という文字が示唆するように、殻をもつタコである。

アオイガイの殻は、オウムガイ類やアンモナイト類を彷彿とさせる形状で、螺旋を描いている。そして、大きな個体では25センチメートルほどに成長する。

ただし、殻をもち、25センチメートルもの大きさにまで成長するのは、雌だけだ。雄のサイズは2センチメートル以下。そして、殻をもたない。見事なまでの性的二型である。交尾方法は独特で、精子を渡した交接腕は、交尾中にちぎれて雌の体内に残される。

アオイガイは現生種だからこそ、観察によって同種であり、雌雄であるとわかる。もしもアオイガイが古生物で、化石でしか知られていなければ、雌雄云々以前に別種と報告されるだろう。そもそも、殻をもたないのであれば、雄は化石に残らない可能性も高い。

アオイガイの雄とは異なり、オエコプティキウスは殻をもっていた。それでも、フリクティセラスとオエコプティキウスの関係も、アオイガイの雌と雄の関係にあったのではないか、とみられている。その場合、フリクティセラスはマクロコンクであり、雌となる。オエコプティキウスはミクロコンクで、雄というわけだ。

両種の化石がともにみつかる理由の一つとして、オエコプティキウスがフリクティセラスに付着するように暮らしていた可能性が指摘されている。スイス、チューリッヒ大学のクリスチャン・クルーグが2015年にまとめたアンモナイト類の性的二型に関する論文では、まさにその可能性を示唆する復元イラストが掲載された。

それは、オエコプティキウスがフリクティセラスに、いろいろと〝依存している〟姿だ。泳ぐことも、食べることも、おそらくフリ

フリクティセラスとオエコプティキウスの“関係”の予想画。Klug et al.(2015)を参考に作画。このような状態の化石が発見されているわけではない。

クティセラスがいなければ成り立たない。そんな雰囲気が醸し出されている。念のために書いておくと、この〝ヒモ生活をするオエコプティキウス〟の証拠があるわけではない。

さて、もしも、フリクティセラスとオエコプティキウスの関係がアオイガイと同じであるというのなら、雄であるオエコプティキウスの交接腕も交尾時に……。

この〝ヒモ雄《オ》アンモナイト〟の待つ運命に、同じ雄《オトコ》として背筋が寒くなるのは筆者だけだろうか。

Kかrか。それが運命の分かれ目か

アンモナイト類とオウムガイ類は、よく似た姿をもつグループだ。どちらも長い歴史があり、海洋世界で繁栄してきた。

ただし、アンモナイト類は約6600万年前の白亜紀末に絶滅し、オウムガイ類の命脈は、今なお、続いている。

運命を分けたのは何なのか？

繁殖戦略のちがいが、分水嶺となったのかもしれない。

そんな指摘がある。

1993年、〝アンモナイト類の仲間〟の卵の殻とみられる化石が、東京大学の棚部一成たちによって報告されている。それは、アメリカのカンザス州に分布する古生代石炭紀（約3億5900万年前〜約2億9900万年前）の地層から発見されたものだ。

その卵殻の化石は、成体の殻の内部にあったものではない。だから、厳密に卵を産んだ種を特定することは難しい。

しかし、諸々の特徴から〝アンモナイト類の仲間〟のものと特定され、化石の状態から産み落とされた直後のものとされた。大きさは2ミリメートル未満と小さく、多数が密集した状態だった。

この化石は、アンモナイト類そのもののものではない。石炭紀にはアンモナイト類はまだ登場していない。しかし、ごく近縁のアンモノイド類が残した可能性が高い。そのため、のちに出現したアンモナイト類も同じように小さな卵を多数産んでいたと考えられるようになった。

一方、オウムガイ類の卵殻とみられる化石は、2011年に横浜国立大学の和仁良二たちによって報告されており、小さいものでも直径9ミリメートル以上、大きなものでは3・5センチメートルに達するという。これは現生種の卵のサイズとさほど変わりはない。

アンモナイト類は小さな卵を多産し、オウムガイ類は大きな卵を少数産む。このとき、現生種と同じであるならば、オウムガイ類の子は卵の中で十分に育ってから孵化をする。

アンモナイト類の繁殖戦略は「r戦略」と呼ばれるもので、オウムガイ類のそれは「K戦略」と呼ばれるものだ。

複数の研究者が、この戦略のちがいに注目している。

サイズが異なれば、海洋成分が変化したときの対応力も異なるし、浮きやすさも異なる。サイズのちがいがどのように影響したのかはわからないが、絶滅と生き残りの遠因となった可能性が指摘されているわけだ。

アンモナイト類の〝男《オス》と女《メス》に関する議論〟は、多数の標本に支えられているという意味で、恐竜類のそれの一歩先にあるといえる。

２０２１年には、「精子嚢」や「交接腕」を備えた可能性のある軟体部の化石も報告された。こうした化石が発見されることによって、アンモナイト類の性に関する知見が、さらにもう一歩先へ進む日は遠くないのかもしれない。

Chapter

4

絶滅魚類の章

～ペニスとセックスの起源～

性的二型の話から、物語を少し深化させたい。

男性器、つまり、「ペニス」の起源に注目しよう。

動物は、いつからペニスをもつようになったのだろうか？


陸上で繁栄する脊椎動物では、現在、2つのグループがペニスをもっている。

まずは、もちろん「哺乳類」である。私たちヒトを含むその総種数は、約6400種。

そして、「爬虫類」だ。ワニ類、カメ類、ヘビ類、トカゲ類などで構成され、総種数は、8000種強。

ちなみに、約1万種という多様性を誇る「鳥類」のほとんどは、雄であってもペニスをもたない。しかし、ダチョウなどの一部の種にはペニスがある。

どのグループに属していようとも、ペニスの使用方法は同じだ。

雄は自身のペニスを雌の膣内に挿入し、ペニスの先端から精子を放つ。その後、精子は雌の体内で待つ卵子と結びつく。そして、子の誕生へとつながっていく。

ペニスをもたない種が多数を占める鳥類でも、その祖先はペニスをもっていたとみられている。鳥類はかつての恐竜類の生き残りであり、恐竜類は爬虫類の一員だからだ。爬虫類はペニスをもつグループの一つである。

注文番号 845

国立科学博物館のひみつ

著◆成毛眞、折原守　　本体1,800円

上野の日本館案内、巨大バックヤードである研究施設への潜入取材、チラシで振り返る特別展史など、科博が100倍おもしろくなる情報が満載！

注文番号 877

国立科学博物館のひみつ 地球館探検編

著◆成毛眞 監修◆国立科学博物館 本体1,800円

夢の科博ガイド第二弾！　科博の本丸・地球館を中心に、総勢15名以上の人気研究者が、見どころ&遊びどころをご紹介。読めば絶対に行きたくなる！

注文番号 912

ならべてくらべる 絶滅と進化の動物史

著◆川崎悟司　　本体2,000円

首を長くしたキリン、海に帰ったクジラ、鼻を伸ばしたゾウ……動物たちの強く、賢く、逞しく、そして壮大な絶滅と進化の歴史を、細密な復元画とともに解説。

注文番号 846

生命のはじまり 古生代

著◆川崎悟司　　本体1,500円

生命が誕生し、爆発的進化を遂げた古生代。アノマロカリスやハルキゲニアなどのカンブリア紀のスターをはじめ、古生代を彩った個性豊かな生き物たちを紹介。

籍通販のご案内

ご注文方法は裏面をご覧ください。

注文番号 928

アノマロカリス解体新書

著◆土屋健　　本体2,300円

史上最初のプレデターにして古生代カンブリア紀のスター、アノマロカリス。彼らはどのように発見され、解明され、愛されてきたのか。その研究史、文化史に迫る！捕食シーンを再現したAR（拡張現実）付。

注文番号 934

標本バカ

著◆川田伸一郎　　本体2,600円

標本作製はいつも突然やってくる—。「標本バカ」を自称する博物館勤務の動物研究者が、死体集めと標本作製に勤しむ破天荒な日々をライトなタッチで綴ったエッセイ。雑誌『ソトコト』の人気連載を書籍化。

注文番号 937

アラン・オーストンの標本ラベル

著◆川田伸一郎　　本体2,200円

世界の博物館に眠る、日本産動物の古い標本。これらはいつ、誰の手で、どういう経緯で今そこに収められているのか。日本の動物学・博物学の黎明期にその発展を支えた、あるイギリス人貿易商の功績を追う。

つまり、多くの鳥類は進化の過程で、ペニスを失ったのである。

哺乳類と爬虫類の祖先にあたる初期の陸上脊椎動物が、実際にどのようなペニスをもっていたのかは明らかになっていない。これまでに発見されている化石には、ペニス、あるいはその痕跡が残っていないのだ。

もっとも、化石で確認されていなくても、哺乳類と爬虫類の祖先にはペニスがあったはず。なぜならば、「サカナ」のなかに、ペニスをもつものがいるからだ。

生命の歴史を振り返れば、すべての陸上脊椎動物は、サカナを祖先とすると考えられている。祖先であるサカナがもち、子孫である陸上脊椎動物がもつ特徴であれば、その進化の途上にある動物にもペニスがあったと考えることが妥当だろう。

ペニスをもつサカナの代表は、サメの仲間である。現生種でしっかりと確認できるそのペニスは、雄1個体につき、2本ある。形は細長い棒状で、常に〝剥《む》き出し〟だ。このペニスは、絶滅したサメの仲間の化石にも確認されている。

ここで、一つ注意が必要だ。サメの仲間は「軟骨魚類」と呼ばれるグループに属していて、実は陸上脊椎動物の祖先を含む「硬骨魚類」とは別系統のグループなのである。その意味では、先ほどの「祖先がもち、子孫がもつ特徴であれば、その途上にある生物にもペニスがあったと考えることが妥当」という考えは、サメの仲間と陸上脊椎動物の関係には当てはまらない。

しかし、「硬骨魚類の子孫」である陸上脊椎動物と「軟骨魚類」という異なるグループにペニスがあるという事実こそが、この両者の〝共通祖先〟にペニスがあった可能性を示している。

眼にせよ、顎にせよ、もちろんペニスにせよ、生物の進化の起源に迫るとき、狙うべきはその共通祖先だ。

脊椎動物の雄は、進化のどの段階でペニスをもったのか？

いつから、ペニスを雌の膣内に挿入するようになったのか？

化石魚類の研究者として知られる、オーストラリア、フリンダース大学のジョン・A・ロングは、著書『THE DAWN OF THE DEED』で、「ペニスの起源は、交尾にともなう快楽の起源」であると示唆した。

ペニスの起源。

交尾《セックス》の起源。

交尾にともなう快楽の起源。

性にまつわる起源として、古生代デボン紀（約4億1900万年前〜約3億5900万年前）に繋栄したあるサカナのグループに注目しよう。

脊椎動物の〝進化の鍵〟を握る「甲冑魚」

「甲冑魚《かっちゅうぎょ》」と呼ばれるサカナたちが、かつての海にいた。

　古生代オルドビス紀（約4億8500万年前〜約4億4400万年前）に登場し、デボン紀の次の時代である石炭紀（約3億5900万年前〜約2億9900万年前）に姿を消したサカナたちである。

　その代表は、デボン紀後期のアメリカの海に生息していた「ダンクルオステウス（***Dunkleosteus***）」。

ダンクルオステウス。古生代最大級・最強のサカナ。「甲冑魚」の代表的な存在。

幅のある頭部は、その外側を骨の板が覆う。大きな顎をもつ一方で、歯はない。ただし、歯のように鋭い突起を口先にもっていた。その顎が生み出す力は現生のホホジロザメを大きく上回るとされ、「古生代最強のサカナ」として名高い。化石は頭胸部しか発見されていないものの、そこから推測される全長は6メートルともいわれている。サイズもホホジロザメ級だ。「古生代最強のサカナ」であると同時に、「古生代最大級のサカナ」でもある。

ダンクルオステウスは、「甲冑魚」という言葉のもつイメージをそのまま具現化したようなサカナといえる。頭部と胸部を囲む骨の板が、甲冑のように見えるのだ。

ただし、この「甲冑魚」という言葉は、学術上の分類群を指したものではない。あくまでも、「頭部と胸部を骨の板で囲む」という特徴をもつサカナの俗称である。

実際、甲冑魚には、複数のグループが含まれている。

そのなかで、最も繁栄したグループが「板皮類《ばんぴるい》」だ。甲冑魚の代表であるダンクルオステウスは、板皮類の代表でもある。

そして、この板皮類こそが、「ペニスと交尾の起源」の鍵を握るとされるサカナである。

板皮類の化石は数多く発見されている。しかし、いずれも頭部と胸部を囲む〝骨の鎧《よろい》〟だけで、脊椎の化石はほとんど残っていない。

似た話では、絶滅したサメの仲間は歯の化石だけが発掘されることで知られる。サメ、つまり軟骨魚類は、文字通り全身の骨格が「軟らかい」ため、他の多くの動物がもつ硬骨に比べて死後に分解されやすく、化石に残りにくいのだ。

板皮類の骨格も、〝鎧〟以外が化石に残っていないことを考えると、軟骨だった可能性が高い。そのため、かねてより板皮類は軟骨魚類に近縁で、より原始的なグループと位置づけられてきた。

そして、中国科学院のミン・チューーたちによって2013年に報告された「エンテログナトゥス（***Entelognathus***）」の化石が、「ペニスと交尾の起源の鍵を握るサカナ」としての板皮類の価値を押し上げた。

エンテログナトゥスは、中国雲南省に分布する古生代シルル紀末期（約4億1900万年前）の地層から化石が発見された板皮類である（「シルル紀」は、デボン紀の一つ前にあたる時代）。推定される全長は約20センチメートル。板皮類の大多数の化石と同じく、発見された部位は頭胸部のみ。ダンクルオステウスと比べると吻部がやや鋭角的で、ややスマートな印象をもつ。

チューーたちは、そんなスマートな印象の頭部を詳しく解析し、そこに軟骨魚類だけでなく、硬骨魚類の特徴があることを指摘した。

つまり、少なくとも一部の板皮類は、軟骨魚類と硬骨魚類の共通祖先の姿を探る手がかりになると考えられるようになってきたのだ。

板皮類が、ペニスの起源を探る〝物語の道標〟とされる理由がここにある。

脊椎動物の「ペニスの起源」

軟骨魚類のペニスを「クラスパー」と呼ぶ。

クラスパーは、細くて長い。そして、1個体につき2本ある。内部には軟骨があり、その位置は腹鰭の内側にあって腹鰭と一体化し、成長とともに大きくなる。

ちなみに、雌の生殖器は総排出腔として肛門などと〝統合〟されているため、孔は1つしかない。

1つの孔に2本のクラスパー。「孔が1つなら、クラスパーも1本で十分じゃないの?」と思われるかもしれない。実際、爬虫類のペニスも哺乳類のペニスも、もちろん私たちヒトの雄がもつペニスも1本だ。

仲谷一宏著の『サメ――海の王者たち――』(ブックマン社)によると、クラスパーの数には、交尾をする

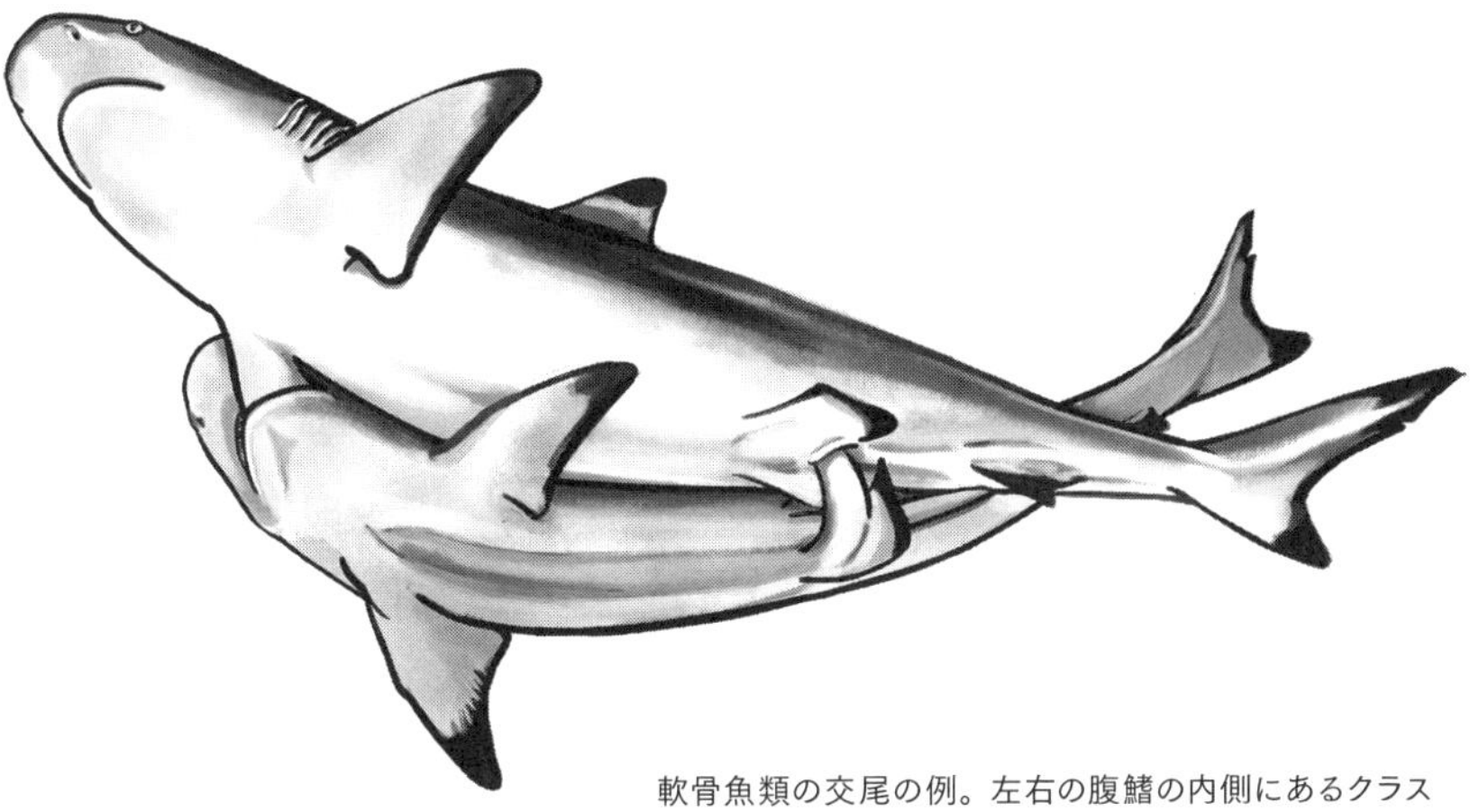

軟骨魚類の交尾の例。左右の腹鰭の内側にあるクラスパーのどちらかを雌の総排出腔へと挿入する。

ときの体位が関係しているという。

私たちのような陸上脊椎動物と異なり、軟骨魚類の交尾は泳ぎながらの行為となる。不安定だ。そして、クラスパーは内側への可動域はそれなりにあるけれども、外側へはほとんど動かない。

そこで、クラスパーが2本あることが意味をもつ。2本あれば、雌の左サイド・右サイドのどちらからでも同じように交尾ができる。2本あることで、交尾の成功率を上げているわけだ。


そんな軟骨魚類と、(陸上脊椎動物の祖先である)硬骨魚類の共通祖先は、どのようなペニスをもっていたのだろうか? その答えを得るために、白羽の矢が立ったのが、板皮類なのだ。

つまり、ペニスの起源に迫る研究は、板皮類におけるクラスパーを探す挑戦でもある。

板皮類はクラスパーをもっていたのか？

クラスパーをもっていたとしたら、いつからもつようになったのか？

板皮類のクラスパーに関わる研究で最初に注目されたのは、スコットランドに分布するデボン紀中期の地層から発見された「ランフォドプシス（*Rhamphodopsis*）」の化石だった。

ランフォドプシスは、１９３０年代に初めてその学名がつけられた。多くの板皮類がそうであるように、その化石は頭胸部のパーツを中心とする断片的なものだ。複数個体が発見されており、大きなものでも全長は12センチメートルほどだったと推定されている。全身の姿は、明確には復元されていない。

化石は断片的ではあるが品質が良く、表面の構造がはっきりと観察できるものだった。しかし、『THE DAWN OF THE DEED』によると、１９３０年代の段階ではさほど注目を集めなかったらしい。

ランフォドプシスの化石が再び注目されたのは、それから約30年後のことだった。

１９６７年、スコットランド王立博物館のロジャー・S・マイルズによって、博物館などに保管されていたランフォドプシスの標本が詳細に分析され、復元が試みられたのだ。

その結果、腹鰭の根元近くに「先端が弧を描いて外側に向く左右１対の構造」と「総排出腔を守るようにある板状の構造」をもつ個体がそれぞれ確認されたのである。

マイルズは前者をもつ個体は雄であるとし、後者は雌とした。「先端が弧を描いて外側に向く左右1対の構造」は、雄のクラスパーであるという。

問題は、これがランフォドプシスだけの構造なのか、それとも他にも確認できるのか、だ。

ランフォドプシスだけの構造ならば、「ランフォドプシスがたまたま〝クラスパーみたいな構造〟をもっていた」ということになりかねない。

板皮類がそのグループの特徴として、クラスパーをもっていたのか？

クラスパーをもっていたとしたら、その形状は？

「ペニスの起源とその形」を知るためには、さらなる発見が必要だった。

そして、その発見は、オーストラリア北西部に分布する「ゴーゴー層」からもたらされた。

約3億7500万年前のデボン紀後期、オーストラリア北西部には浅い海があり、多くの海棲動物が生息していた。そ

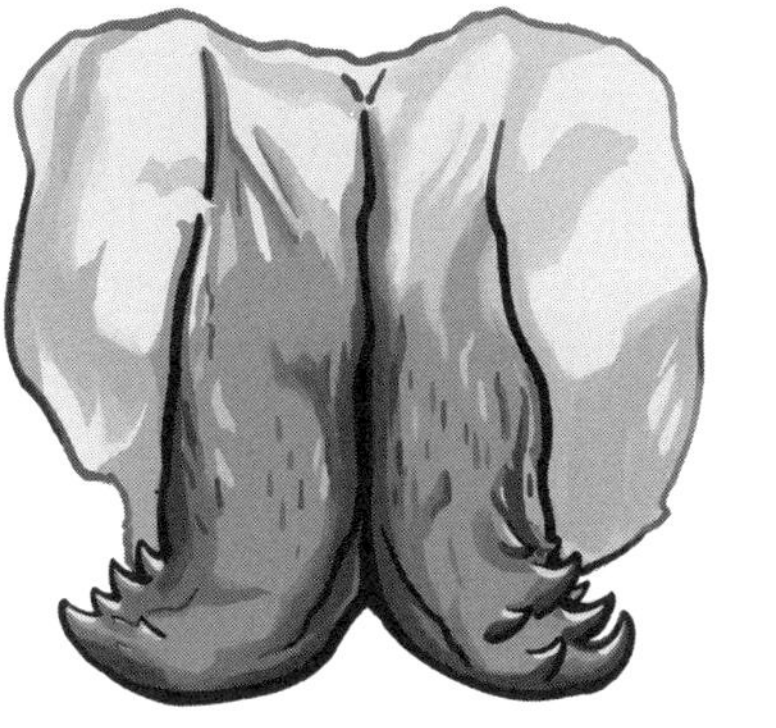

ランフォドプシスのクラスパー付近。先端が左右に少し曲がる部分がクラスパーとされる。Miles (1967) を参考に作図。

の動物たちの化石が、ゴーゴー層に実に良い保存状態で残っていたのである。

1977年、大英自然史博物館のR・S・マイルズと、クイーン・エリザベス・カレッジのG・C・ヤングは、ゴーゴー層からランフォドプシスの近縁とみられる板皮類の新種を報告した。この新種は、現在では「オウストロプティクトダス(***Austroptyctodus***)」と呼ばれている。

オウストロプティクトダスは、化石が断片的であるために全身の復元には至っていない。

しかし、クラスパーらしき構造が発見できた。

それは、長さ1センチメートルに満たない小さなものだった。細部が保存されており、細長く伸びながら先端付近は弧を描き、そしてトゲのような小さな突起が並んでいた。

オウストロプティクトダスのクラスパーの発見によって、板皮類がクラスパーをもっていた可能性が高まった。ランフォドプシスだけの構造ではないことがわかったからだ。

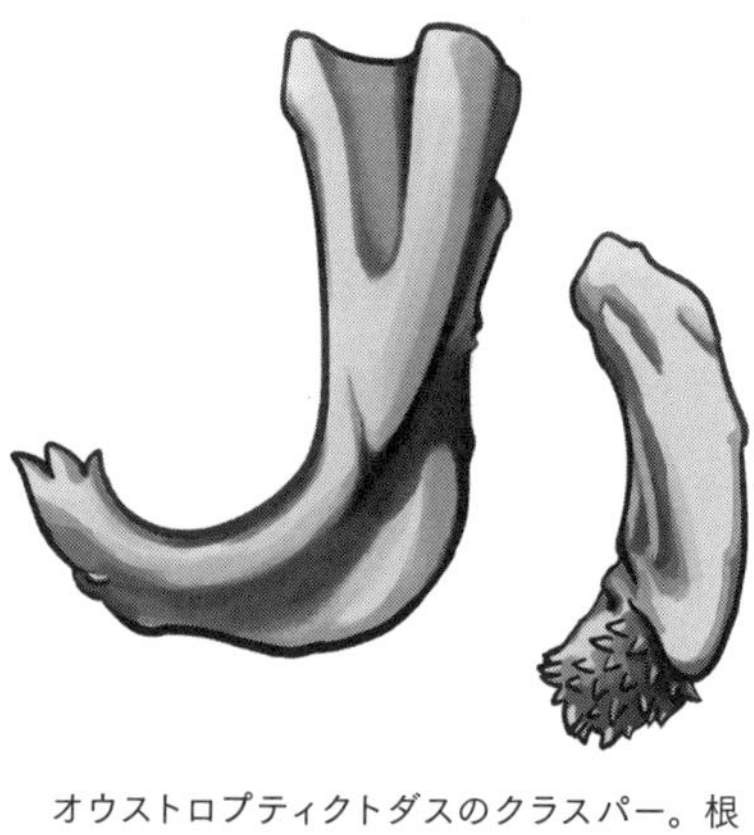

オウストロプティクトダスのクラスパー。根本付近(左)と先端付近(右)。Miles and Young (1977) を参考に作図。

ただし、「ペニスの起源とその形」という視点でいえば、謎は解けていない。

なにしろ、板皮類は2億年以上にわたって存続し、400種類を超える多様性を誇ったグループである。そして、板皮類内にもいくつかの小さなグループがある。例えば、ランフォドプシスとオウストロプティクトダスは、ともに「プティクトドン類」というグループに属している。プティクトドン類は板皮類内では「やや原始的なグループ」ではあるものの、「最も原始的」というわけではない。

プティクトドン類がクラスパーを備えた最古のグループなのか？

板皮類の他のグループのサカナたちは、クラスパーをもっていたのか？　プティクトドン類だけの特徴ではないのか？

ランフォドプシスとオウストロプティクトダスだけでは、この疑問に対する答えとならない。

また、クラスパーの形についても、気になるところだ。

プティクトドン類のクラスパーは、外側に向かって弧を描いて伸びる形状だ。現生の軟骨魚類のもつ細長くまっすぐ伸びる棒状のクラスパーとは異なる。

外側へ伸びるクラスパーは、プティクトドン類だけのものか？

まっすぐ伸びる棒状のクラスパーをもった板皮類はいなかったのか？

オウストロプティクトダスのクラスパーの発見で、むしろこうした疑問は、より深まったといえる。

インキソスキュータム。板皮類のクラスパーをめぐる研究で、記念碑的な存在の一つ。

言い換えれば、「ペニスの起源とその形の謎」は、より〝具体的なもの〟となった。

板皮類のクラスパーに関する次なる情報は、オウストロプティクトダスと同じゴーゴー層からもたらされた。スウェーデンのウプサラ大学に所属するパール・アールバーグたちによって、１９８０年代に報告された「インキソスキュータム（***Incisoscutum***）」の化石の再分析が行われ、その成果が２００９年に発表されたのだ。

インキソスキュータムは、板皮類のなかでもランフォドプシスたちが属していたプティクトドン類とは別のグループに分類される。

そのグループの名前は、「節頸類《せっけいるい》」。板皮類の中核をなすグループで、本章の冒頭で紹介した古生代最強＆最大級のサカナとされるダンクルオステウスなども分類されている。インキソスキュータム自身は、全長１メートルに満たない大きさで、頭胸部を骨の鎧で覆い、やや大きな眼をもった姿で復元される。

この研究で、アールバーグたちはインキソスキュータムの腹鰭の基部にあたる骨とその骨とつながる「細長いクラスパー」を見いだした。その形状は、既知のプティクトドン類2種のものと異なり、現生の軟骨魚類のもつものとよく似ていた。

節頸類は、プティクトドン類より進化的と位置づけられている。すなわち、より進化的な板皮類は、現生の軟骨魚類とよく似たクラスパーをもっていたことが示されたのだ。

ここで問題になってくるのは、その使用方法だ。

似ているとはいえ、現生の軟骨魚類のクラスパーは軟骨で、インキソスキュータムのクラスパーは化石にはっきりと残る「硬骨」である。軟骨製のクラスパーでさえ、さほど大きく曲がるわけではない。インキソスキュータムの硬いクラスパーであれば、なおさら大きな可動性は望めない。

それにもかかわらず、インキソスキュータムのクラスパーは後方に向かってまっすぐ伸びているのだ。

この位置と向きで、どのように雌の生殖器（膣）に挿入していたのだろうか？

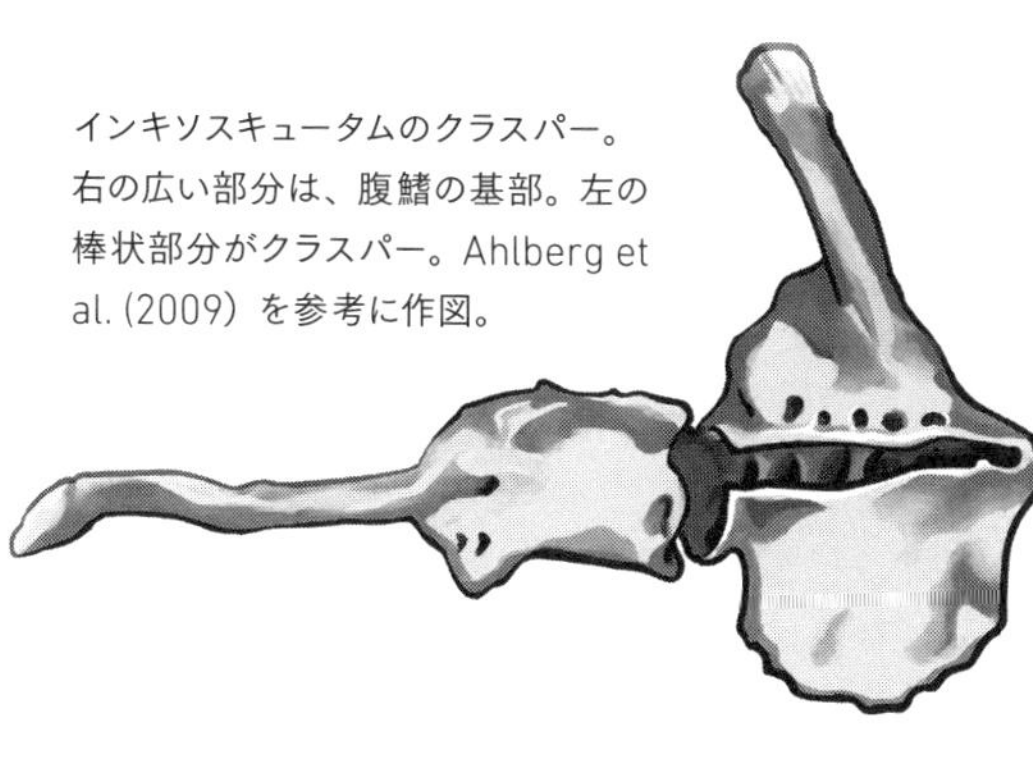

インキソスキュータムのクラスパー。右の広い部分は、腹鰭の基部。左の棒状部分がクラスパー。Ahlberg et al. (2009) を参考に作図。

ロングは、『THE DAWN OF THE DEED』のなかで、インキソスキュータムのようなクラスパーをもったサカナの交尾について、考え得る二つの〝体位〟の仮説を述べている。

一つは、雄の頭と雌の頭が逆の方向を向く体位の仮説だ。

例えば雌は仰向けになり、その背中をやわらかい海底に押し付けてからだを固定する。雄は雌とは前後逆向きの姿勢で覆いかぶさり、互いに後進することでそのクラスパーを膣に挿入していたのではないか、というのである。

もう一つは、雄がからだをかなり柔軟に曲げる体位の仮説である。

雄は、自分の口や胸鰭などで雌を押さえつけ、自分はからだを大きくよじり、なんとか膣に挿入していたのではないか、という。クラスパー自体は硬くて曲がらなくても、その付け根にあたる腹鰭にはある程度の可動性がある。その可動範囲と、自身のからだのやわらかさで交尾に持ち込んでいたのではないかと指摘した。

どちらもなかなかアクロバティックな体位である。果たして、本当に可能だったのだろうか？　インキソスキュータムのクラスパーの使い方は、依然として議論のあるところだ。

閑話休題。

インキソスキュータムの属する節頸類は、オウストロプティクトダスたちの属するプティクトドン類よりは進化的だ。インキソスキュータムのクラスパーの発見で、板皮類という大きなグループ全体がクラスパーをもっていた可能性はより高まったけれども、「ペニスの起源」を探る手がかりとしては弱い。

ペニスの起源を探る旅で欲しいのは、プティクトドン類よりも原始的なグループのクラスパーである。

プティクトドン類よりも古いペニスは存在するのか？

存在したとして、その形状は？

使用方法は？

物語には、さらなる深化が必要だ。

ペニスは一度〝絶滅〟していた⁉

2014年、ロングたちのチームが、新たなクラスパーを報告した。

それは、スコットランドなどに分布するデボン紀中期の地層から化石が発見された「ミクロブラキウス（***Microbrachius***）」のものだった。

ミクロブラキウスは、頭部と胸部を角ばった骨の板で覆われた板皮類で、2つの眼はやや高い位置についている。そのため、どことなく寄り目気味であり、愛嬌《あいきょう》のある面構えをしている。そのサイズは、頭胸部の長さが3センチメートルほど。

ミクロブラキウスとその近縁種に共通し、そして最も目立つ特徴として、胸鰭を挙げることができる。まるでカニの脚のように細く、先端は鋭く尖り、そして鰭全体が骨の板で覆われていた。研究者によっては「鰭」という単語は用いず、節足動物の脚と同じ「付属肢」という単語を用いる。そのくらい変わった形をしている。一方で、腹鰭はもっていなかった（少なくとも化石では確認されていない）。

そんなミクロブラキウスの化石は、2タイプ発見されている。

一つのタイプには、頭胸部後端の腹側に1対2本の突起があった。その突起は、それぞれ左右に向かって伸びる。

ミクロブラキウス。
カニの脚のような形の胸鰭をもつ原始的な板皮類。

もう一つのタイプには、その突起はない。ただし、頭胸部後端の腹側中央に小さな裂け目があった。ロングたちは、「左右に向かって伸びる1対2本の突起」をクラスパーであるとし、こちらのタイプを雄であるとした。一方、「小さな裂け目」は雌の膣口であるという。

注目されたのは、板皮類内におけるミクロブラキウスの〝立ち位置〟だ。

ミクロブラキウスとその近縁種は、板皮類内で「胴甲類《どうこうるい》」と呼ばれるグループをつくっている。そして、この胴甲類こそが、板皮類のなかで最も原始的なグループとされているのだ。

ペニスの起源に迫る物語の、現時点における終着点だ。

すなわち、ミクロブラキウスの「左右に向かって伸びる1対2本の突起」こそが、知られている限り、脊椎動物の最も古いペニス（クラスパー）ということになる。

進化するにつれ、そのペニスはランフォドプシスたちプティクトドン類のように、腹鰭の近くに位置するようになった。

そして、インキソスキュータムたち節頸類のように、まっすぐ後方へ伸びる形状となった。ペニスはより細く、まっすぐに伸びるように進化したのだ。

ただし、だ。

ロングたちによると、ここでみたペニスの進化は必ずしも陸上脊椎動物や軟骨魚類のそれとリンクしていないという。板皮類がその進化の過程で獲得したペニスは、〝絶滅した〟可能性があるというのだ。

まず、陸上脊椎動物のペニスに関しては、その直接の祖先にあたる硬骨魚類にクラスパーがいっさい確認されていない。

現生種にもない。化石種にもない。

今更ながら、そこが問題の一つとなった。

板皮類がその進化で獲得した「まっすぐ細く長く伸びるペニス」という形状自体は、陸上脊椎動物のそれとさほど変わらない。しかし、硬骨魚類に至る進化の段階でそのペニスは失われ、その後、陸上脊椎動物は祖先と同じような形状のペニスを〝改めて発達させた〟とみることもできるという。

一方、現生の軟骨魚類のもつクラスパーは軟骨だ。見方によっては、板皮類の硬骨製のクラスパーも、軟骨魚類のクラスパーと別モノといえる。

本章の監修者である沖縄美《ちゅ》ら島財団総合研究センターの冨田武照は、筆者の取材に対して、板皮類がもっていた硬骨製のクラスパーは「絶滅したペニスの可能性がある」と話した。

現時点で明らかになったペニスの起源は、板皮類まで遡る。陸上脊椎動物と軟骨魚類の共通祖先を探る手がかりとして注目されるこのグループで、ペニスは現生種のものとよく似た形へと進化した。

しかし、そのペニスは板皮類の絶滅とともに姿を消した可能性がある。

この場合、のちに陸上脊椎動物と軟骨魚類のそれぞれで、板皮類のものとよく似た形のペニスが発達したことになる。

例えるならば、「空を飛ぶ」という機能をもつ鳥類の翼と昆虫類の翅《はね》がまったく独立に進化したにもかかわらず、その形状が似ていることと同じだ。

ペニスも2つのグループ（陸上脊椎動物と軟骨魚類）で独立して進化したが、その形はともに「まっすぐ細く長く伸びる」ものとなった、ということなのかもしれない。「挿入」して精子を「放つ」という機能を考えれば、形が似るのは必然といえる……かもしれない。

このように、起源は別でも同じ機能をもつように発達した器官を「相似器官」という。

ペニスは相似器官であるという見方が正しいのならば、起源の物語はいまだに不完全だ。「陸上脊椎動物の〝最初のペニス〟」と「軟骨魚類の〝最初のペニス（クラスパー）〟」に関しては、現時点ではまったく情報がない。ペニスの起源自体はデボン紀中期まで遡ったけれども、その物語には「欠け」があるかもしれないのだ。

その「欠け」の解明は、これからの研究を待つことになる。

脊椎動物の「交尾の起源」

読者のなかには、次のような疑問を抱かれている方もいるかもしれない。

板皮類がもっていたクラスパーは、「本当にクラスパーなのか?」という(素朴で根本的な)疑問である。

板皮類のクラスパーは、クラスパーによく似た形の別の器官ではないか?

なにしろ、板皮類のクラスパーは、ペニスとしては「硬い」のだ。しっかりとした硬骨でできている。不安定な水中で交尾するためには、雄も雌も、かなりの努力をする必要があるほどに硬い。

実際、インキソスキュータムの件で、「雄と雌が逆向きになって交尾する」という仮説を紹介した。このとき、雌は姿勢を安定させるために仰向けになって背中を海底に押しつける必要があるし、交尾にあたってはどちらか、あるいは両方が後進しなければいけない。

どうにも無理のある体位にみえる。

板皮類のクラスパーは、実は「クラスパーによく似た別の器官」であり、雌の膣内に挿入するものではないのでは？

もし、「クラスパーによく似た別の器官」であるとしたら、本来の役割は何なのか？

例えば、性選択によって獲得された性的なディスプレイかもしれない。一定の大きさが、自分の性成熟を知らせる役割を担った可能性もある。

クラスパーではないとしたら、板皮類は体内受精をしていなかった可能性さえ出てくる。

クラスパーがクラスパーであることは、それほどまでに大きな問題だ。


しかし、板皮類のクラスパーは、やはり「クラスパー」なのだ。

その可能性が極めて高いことが、実は別の化石から示されていた。

問題の化石は、インキソスキュータムと同じゴーゴー層から発見された。２００８年に報告されたその板皮類は、名を「マテルピスキス（***Materpiscis***）」という。論文の第一著者は、こちらもまたロングである。

ちなみに、２００８年という報告のタイミングは、実はインキソスキュータムの論文よりも1年早い。

マテルピスキスは、全長25センチメートルほどの板皮類だ。寸詰まりの頭部と、吻部先端に上に伸びる突起をもった姿で復元されることが多い。ランフォドプシスやオウストロプティクトダスと同じ「プティクトドン類」に分類される。

注目されたのは、その姿ではない。

体内である。

ゴーゴー層から発見された「WAM07.12.1」という標本番号をもつ個体の体内に、胚の化石があったのだ。

一般的に、ある化石の体内に別個体とみられる化石がみつかった場合、体内の化石は〝最後の晩餐《ばんさん》〟とみなされることが多い。食べた獲物が消化される前に死に、その獲物の残骸が胃や腸に残ったまま化石として保存されたと解釈される。

しかし、「WAM07.12.1」の体内にある化石には、「WAM07.12.1」と同じ特徴が随所に確認できた。つまり、同種である可能性が高い。しかも捕食されたのであれば確認できるであろう損傷や消化の痕跡がなかった。

そのため、ロングたちは、「WAM07.12.1」の体内にある化石を「胚」と解釈した。赤ちゃんを妊娠した状態で、彼女は死んだのだ。ちなみに、「マテルピスキス」という名前は、「母なる魚」という意味である。

この化石の秀逸な点は、「へその緒」とみられる細いチューブが保存されていたことだ。

胚とへその緒。これらは、いずれも「胎生」の証拠だ。卵を産む「卵生」ではなく、母体の胎内で一定レベルまで育ててから産む繁殖方式である。

とくにサカナの卵生は、雌が産んだ卵に雄が精子をかける、つまり体外受精が基本である。

胎生は、ちがう。

胎生は、自然界では例外なく体内受精だ。体外受精では「妊娠」につながらない。そして、体内受精ということは、雌の体内（膣内）に雄がペニス（クラスパー）を挿入し、精子を放った可能性が高いということである。

そうだ。ペニス（クラスパー）は、体内受精に必要なのだ。

実は、マテルピスキスには、クラスパーをもった（雄と判断できる）個体は発見されていない。しかし、「胎生である」という証拠から、マテルピスキスの雄がクラスパーをもっていた可能性が示唆されるのである。

マテルピスキスの発見を受けて、過去の標本も再検証された。

その結果、オウストロプティクトダスの化石にも胚が確認された。オウストロプティクトダスは、クラスパーのある個体も確認されている種である。

こうした複数の証拠から、板皮類がクラスパーをもち、体内受精を行って、母体内で新たな命を育んでいたことはどうにも確からしい、とみられるようになった。

クラスパーをもつ。それは、すなわち、体内受精の証拠、交尾の証拠だ。

その視点に立てば、現時点で〝脊椎動物最古のクラスパー〟の所有者であるミクロブラキウスこそが、〝脊椎動物最古の体内受精者〟ということになる……のだが、果たしてどのように交尾をしていたのだろうか？

雄のクラスパーは、頭胸部後端の腹側から左右に向かって伸びる。

雌の生殖器は頭胸部後端の腹側の中央部にある。

不安定な水中で、こんな位置関係で、交尾可能な体位があるのだろうか？

なにしろ、ミクロブラキウスの頭胸部は（クラスパーも）カチコチの骨でできていたのだ。可動性はほぼない。インキソスキュータムのように腹鰭の近くにあるわけでもない。より一層、柔軟性に欠けている。

ここで、ロングたちが注目したのは、その胸鰭である。

思い出してほしい。

ミクロブラキウスとその近縁種の胸鰭は、〝一般的な鰭の形〟ではなく、カニの脚のように細く、そして骨の板で覆われていた。

この胸鰭の役割の一つとして、ロングたちは交尾に用いていた可能性を示唆している。すなわち、雌雄が横に並んで、まるで腕を組むかのように胸鰭を組んで互いのからだを固定し、頭胸部後端を寄せて少しからだをひねり、クラスパーを膣に挿入していたのではないか、というのである。

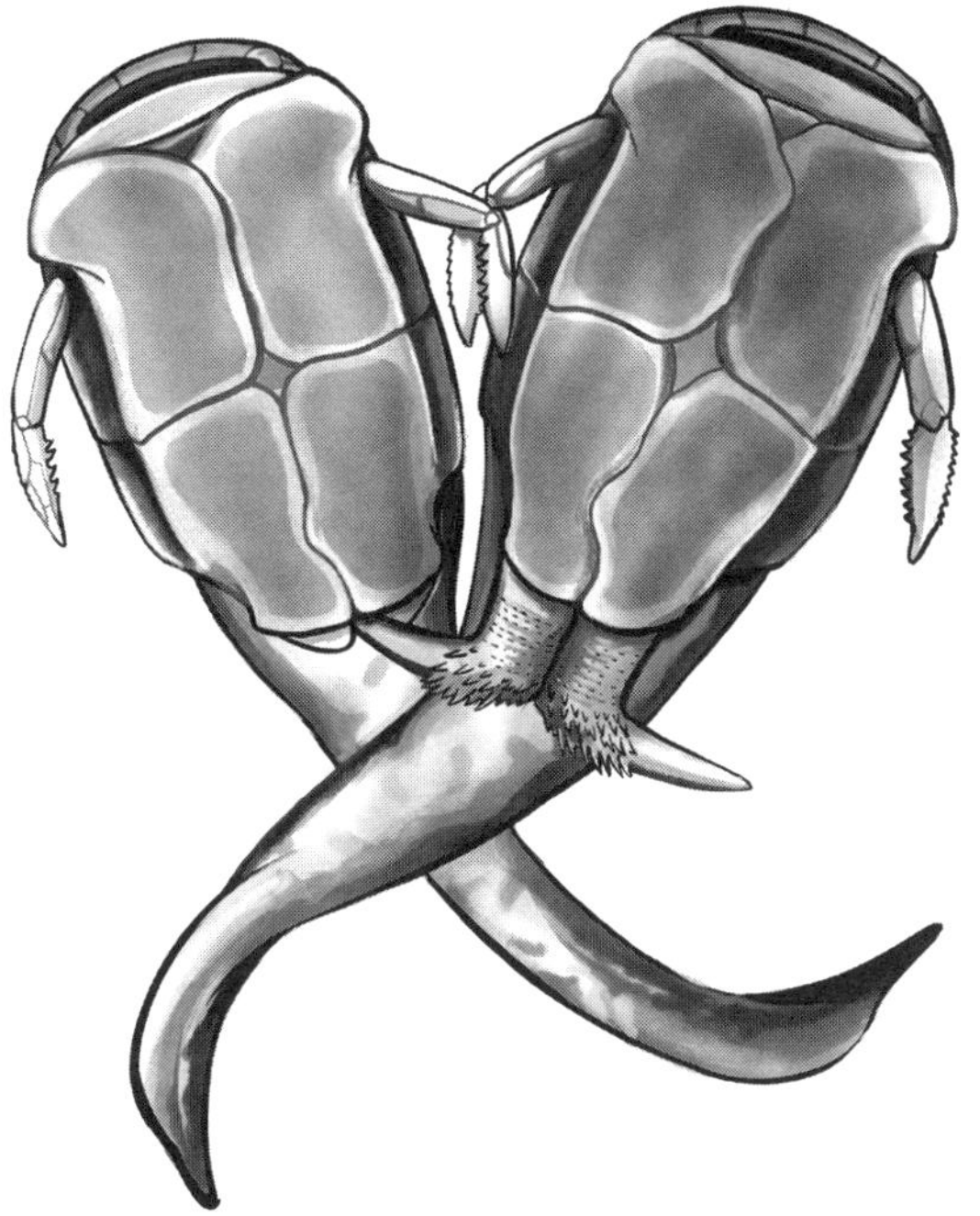

ミクロブラキウスの交尾。まるで腕を組むかのように胸鰭を絡ませてからだを固定し、雄（右）が雌（左）にクラスパーを挿入していたのかもしれない。Long et al.（2014）を参考に作画。

板皮類内で〝原始的〟なミクロブラキウスといい、〝進化的〟なインキソスキュータムといい、その交尾の体位は、なかなかに独創的といえるだろう。

もっとも、いずれも仮説のレベルで、具体的な証拠（交尾中の化石など）が発見されているわけではない。

さらにロングは『日経サイエンス』2011年4月号に寄稿した原稿〈オ

リジナル記事は『SCIENTIFIC AMERICAN』の2011年1月号）のなかで、板皮類の交尾、つまり、「脊椎動物の交尾の起源」に関する大胆な仮説を提唱している。

脊椎動物の「顎の発達」と交尾の関係に注目したのだ。

実は板皮類は、脊椎動物の歴史上「顎をもって繁栄した最初のグループ」でもある。最初に顎をもったグループそのものではないけれども、顎をもったサカナのなかでは、最初に栄光を勝ち取ったグループなのだ。

かねてより、板皮類のその繁栄の理由の一端として、顎という〝武器〟の獲得があったと考えられてきた。実際、ダンクルオステウスの強力な顎をみれば、それも納得できるというものだ。

しかしロングは、顎は「交尾の成功率を上げるために発達した」という可能性に言及している。

交尾（体内受精）は、雌が産んだ卵に雄が精子をかける体外受精の方法より難易度が高い。しかも、彼らは不安定な水中でそれをしなければならない。そこで、雄は雌のからだのどこか一部を噛むことで、交尾中の姿勢を安定させていたのではないかという。

顎の発達は繁殖（交尾）戦略の一環であり、その成功が板皮類を繁栄させた一因であるというのだ。

そして、ロングは著書『THE DAWN OF THE DEED』のなかで、「板皮類の交尾」こそが「交尾にともなう〝快楽〟の起源」であるという。

板皮類よりも原始的なサカナたちの繁殖方法は体外受精であり、その〝肌〟を触れ合わせることをしない。

互いの肌を触れ合わせ、体位を工夫して、雄が雌の膣内にペニスを挿入し、精子を放つ。その行為に〝気持ち良さ〟を感じるようになったのは、デボン紀にはじまりがあるというのである。

逆説的に考えれば、交尾に快楽がともなうようになったからこそ、体位の工夫といったさまざまな努力をするようになったといえるのかもしれない。

実際のところはどうなのか？

少なくとも「快楽」に関する真相は、板皮類に直接尋ねてみないとわからない話だ。

さて、ミクロブラキウスからインキソスキュータムまでさまざまな板皮類でクラスパー（ペニス）が確認され、マテルピスキスやオウストロプティクトダスで胚も発見されたからといって、すべての板皮類が胎生だったとは限らない。

確かに、体内受精を行うことは、胎生の必要条件だ。

しかし体内受精を行っても、卵を産むことがある。実際、現生の軟骨魚類はすべて体内受精を行うけれども、子ではなく卵を産む種も少なくない。

例えば、現生の軟骨魚類の一翼を担うネコザメの仲間は、ドリルのような螺旋形の卵を産み、ナヌカザメの仲間やトラザメの仲間は、各頂点から巻きヒゲが伸びた長方形の卵（その見た目から「人魚の財布」とも表現されるが、卵殻の部分はプール授業でお馴染みの「ビート板」を思わせる形をしている）を産む。

ネコザメの仲間の〝ドリル型卵〟は岩の隙間などで固定しやすく、ナヌカザメの仲間やトラザメの仲間の〝ビート板型卵〟はそのヒゲを使って海藻や岩に固定される。

そして、実は「板皮類の卵」とされる化石も報告されているのだ。

それは、アメリカのオハイオ州に分布するデボン紀末期の地層から発見された6つの〝謎の化石〟である。

正確には〝謎の化石〟と呼ばれていた標本だ。その化石が、アメリカのコンコーディア・ユニバーシティ・シカゴのロバート・K・カールと、ユニバーシティ・サークルのガリー・ジャクソンによって、2018年に板皮類、とくに節頸類のものであるとされた。

6つの〝謎の化石〟の大きさは、長さ20・3センチメートルから25・4センチメートル、幅は12・7センチメートルから17・8センチメートルの長方形。外側が欠けて内部が確認できるものがあった。その内部にある化石が、インキソスキュータムなどのものとよく似ていたことから節頸類のものと特定されたのである。

ただし、それ以上の細かな分類を絞り込むことはなされていない。どの種の卵なのかは、不明だ。形はいずれもナヌカザメの仲間やトラザメの仲間の卵に似たビート板型の長方形だ。一方で〝巻きヒゲ〟部分は確認されていない。そのため、固定するものが近くにない遠洋性の節頸類が産んだものではないか、とされている。

この大型の卵を産んだ可能性のある種類として、カールとジャクソンは「古生代最大級のサカナ」であるダンクルオステウスを挙げている。

ダンクルオステウスの化石は、この6つの〝謎の化石〟改め「卵の化石」と同じ地層から発見されているわけではない。しかし、同じ地域の同じ時代の地層から発見されている。

長さ20センチメートル以上という卵は、なるほど、全長6メートルともされる大型種のものであることを想像させる。卵の形状から示唆された「遠洋」を生活の場にしていることも、推定されているダンクルオステウスの生態と一致する。

ただし、これはあくまでも可能性の一つであり、直接的な証拠がある話ではない。

いずれにしろ、カールとジャクソンの分析が正しいのであれば、板皮類全体を「胎生のグループ」と判断することは早計で、どうやら現生の軟骨魚類と同じように、胎生の種がいれば卵生の種もいたということになるだろう。

そして、卵生の種がいたのであれば、すべての種が体内受精をしていたともいえなくなってくる。硬骨魚類が採用しているような体外受精をしていた種もいたのかもしれない。

硬骨魚類（そして、硬骨魚類から進化したとされるすべての陸上脊椎動物）と軟骨魚類の「共通祖先に近い」とされる板皮類は、生殖器の形も、交尾の方法も、出産の方法も、かなり多様だったのかもしれない。

古生代のサカナにみる〝男〟と〝女〟

約3億5900万年前、板皮類が隆盛を誇ったデボン紀が終わり、新たに石炭紀が始まった。この時代は、陸上に大森林が築かれたことで知られる。「石炭紀」の名前は、その森林が化石となり、石炭として人類社会の資源となったことに由来する。

石炭紀になると、軟骨魚類が本格的に台頭していく。

その化石にはクラスパーが確認できるものがいくつもある。

例えば、スコットランドから化石がみつかっている全長60センチメートルほどの「アクモニスティオ

アクモニスティオン。独特の形をした背鰭が特徴。
クラスパーのある個体の化石しか発見されていない。

ン（*Akmonistion*）」だ。この軟骨魚類は、背鰭が特殊化していた。上端が水平に広がっていて、上面には細かな歯のような形状の〝鱗《うろこ》〟がびっしりと並んでいたのだ。なんとも珍妙な姿である。

アクモニスティオンの多数の化石のなかで、保存の良い標本にはクラスパーが確認されている。それは腹鰭と一体化し、細かな関節があり、現生の軟骨魚類のクラスパーとそっくりの形をしていた。

アクモニスティオンの特殊化した背鰭の役割はわかっていない。

ただし、その背鰭をもつ個体には必ずクラスパーが確認されており、これが〝雄の特徴〟であることが示唆されている。特殊化した背鰭は、性選択によって獲得された性的なディスプレイだったのかもしれないし、実際に交尾の際に何らかの役割を果たしたのかもしれない。

しかし、これはあくまでも可能性の話だ。この背鰭をもつ個体が雄であると断じることができない事情がある。

実は、みつかっているアクモニスティオンの保存の良い標本には、必ずクラスパーがある。

つまり、アクモニスティオンは、クラスパーがないと断言できる「雌の個体」の化石が発見されていないのだ。

そのため、アクモニスティオンの特殊化した背鰭に関しては、果たして種としての特徴なのか、雄だけの特徴なのかがわからない状態にある。

アクモニスティオンは、今のところ、「雄だけが知られている軟骨魚類」なのだ。

雄だけが知られている軟骨魚類がいれば、「雌だけが知られている軟骨魚類」もいる。

時代は前後するが、アメリカに分布するデボン紀の地層から化石が発見されている「クラドセラケ(*Cladoselache*)」がそれだ。

クラドセラケは、大きなもので全長2メートルほど。流線型のからだで、発達した胸鰭と背鰭、三日月型の尾鰭を備えている。古生物に詳しい人々の間では、「最古のサメ」として知られるけれども、実際のところ、近年では、「軟骨魚類ではあるが、サメの仲間(板鰓類《ばんさいるい》)ではない」という見方が強い。

クラドセラケの化石は、オハイオ州などから豊富に発見されている。本章監修者の冨田によれば、その総数は数百を数えるという。

一般に軟骨魚類は、硬骨魚類ほど化石の保存は良くない。

ただし、何にでも例外はあるもの。まさにクラドセラケの化石は軟骨魚類としては例外的に、全身の姿がわかるような良質な化石が多数発見されている。

そして、良質な化石が多数発見されているにもかかわらず、クラスパーをもつ個体が1体も確認されていない。

そのため、「発見されているクラドセラケは、すべて雌ではないか」という指摘がある。

アクモニスティオンとはまったく逆の状況である。

なお、アクモニスティオンが雄だけ、クラドセラケが雌だけであるからといって、両者が同一種の雌雄の関係にあった可能性は低い。なにしろ、アクモニスティオンは石炭紀のヨーロッパに生息し、クラドセラケはデボン紀のアメリカに生息していた。時代も場所（海域）も異なるのだ。

このように雌雄のどちらかしか発見されていない場合、その解釈はいくつか考えられる。

一つは、もちろん、発見されていないだけという解釈だ。とくに、雄の判断材料となるクラスパーは、もとより細い。全身の大部分が残されるような良質な標本であっても、細いクラスパーだけは化石として保存されず、結果として本来はいたはずの雄を判別できていないという可能性も十分考えられる。

一つは、雌雄ともに化石は発見されているものの、姿が大きく異なりすぎて同種と認識されていない可能性である。ミクロブラキウスのように「見た目はそっくりで、生殖器部分だけ異なる」という程度では同種と判断できるけれども、雌雄で大きく姿が異なっていたとしたら、別種と認識されてしまっても何ら不思議はない。分類群は異なるが、前章のアンモナイト類でみた例と似ているといえるだろう。ただし、アクモニスティオンもクラドセラケも、つがい候補となり得る〝別種〟の報告はない。

一つは、雌雄で生息域が異なっていた可能性だ。そして、雄、もしくは雌の暮らす水域だけが、偶然にも化石の保存の良い地層をつくり、結果として、どちらか一方の性だけを保存したというわけである。実際、現生のサメ類にも、交尾の時期以外、雌雄が異なる場所で暮らす種類はいる。

そして、そもそもクラスパーをもたない、という可能性もある。現生の軟骨魚類はすべて体内受精をするけれども、過去もそうであったという確証はない。軟骨魚類の祖先グループである板皮類に、「体内受精」の可能性も「体外受精」の可能性もあることは、先ほど記した通りである。クラドセラケが、体外受精を採用していたならばクラスパーは必要ない。この場合、既知のクラドセラケの化石には、雄も雌もともにある可能性が出てくる。

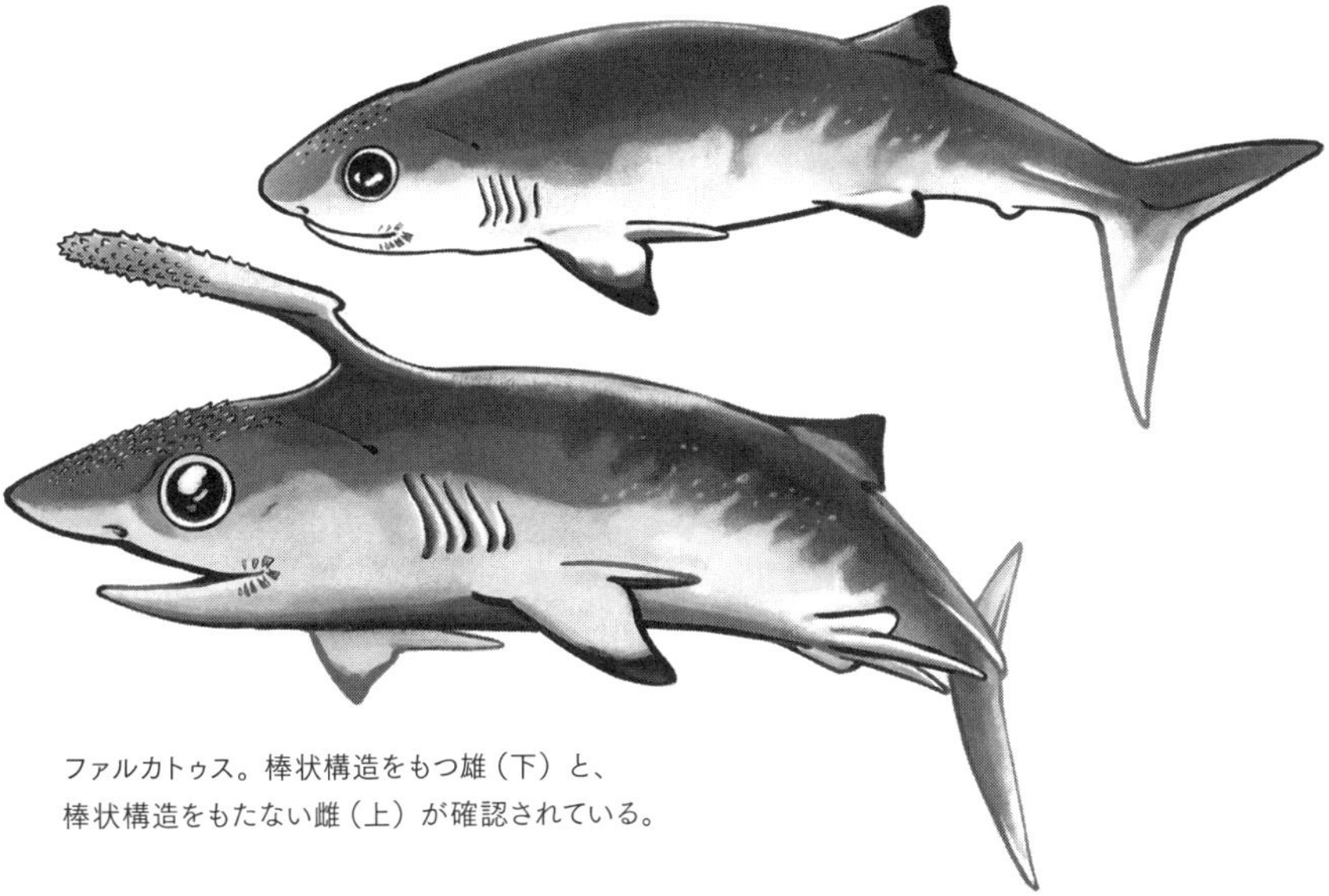

ファルカトゥス。棒状構造をもつ雄（下）と、
棒状構造をもたない雌（上）が確認されている。

雌雄どちらかだけの軟骨魚類。その謎解きは、将来の課題となっている。

石炭紀に話を戻そう。

アメリカのオハイオ州中部に、良質のサカナ化石を産出する「ベア・ガルチ石灰岩層」と呼ばれる地層がある。その地層で最も豊富にみつかるサカナが、軟骨魚類の「ファルカトゥス（***Falcatus***）」だ。

全長30センチメートルほどのこの軟骨魚類は、性的二型が報告されている。

雄、とみられる個体は、吻部が突出し、後頭部に1本の棒状突起をもっていた。その突起は、後頭部から真上に伸びたのち、前方へと向かう。腹鰭の付け根には、左右1本ずつクラスパーも確認されている。

雌、とみられる個体は、雄とよく似た姿をしているものの、吻部はさほど突出しておらず、棒状突起ももたず、もちろん、クラスパーもない。

豊富にみつかるファルカトゥスの化石のなかには、雌雄ペアで発見されているものもある。「MV5386」と「MV5385」と番号のつけられたその標本は、雌がまるで雄の棒状突起を咥《くわ》えているかのような姿勢で保存されていた。

交尾のときに相手のからだに噛みついて、その姿勢を安定させるという行為は、現生の軟骨魚類でも確認されている。ファルカトゥスの雄の頭部の突起は、雌が交尾のときに捕まるための〝手摺《てす》り〟であるというのならば、理にかなったつくりではある。

もっとも、この標本が「交尾中」だったかどうかは、断定されていない。化石化の過程で偶然雌

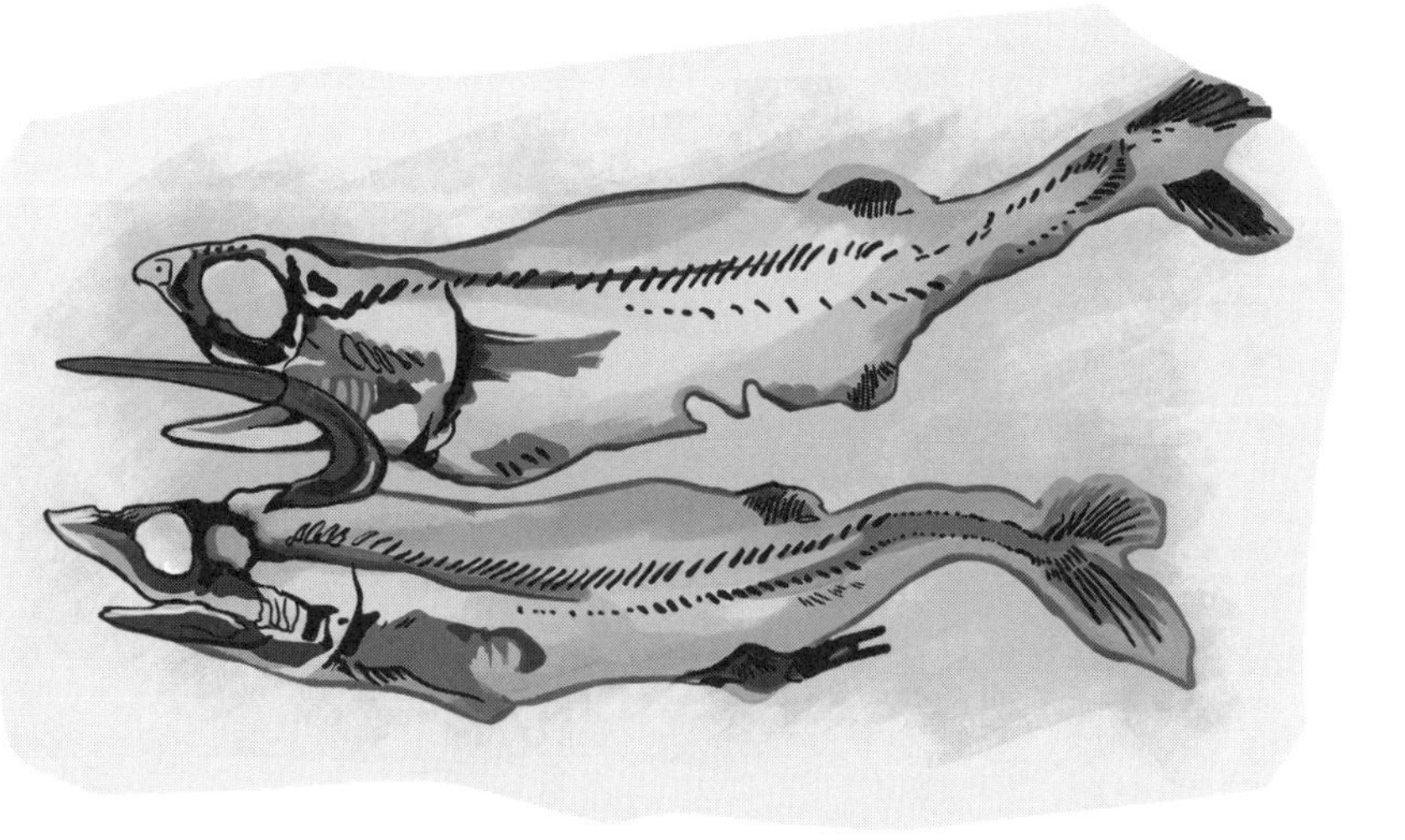

ファルカトゥスの化石のスケッチ。2個体の一部が重なっている。上が「MV5386」、下が「MV5385」。詳細、本文にて。Lund (1985) を参考に作画。

雄が重なって、偶然雌が雄の突起を咥えているように見えているだけかもしれない。

アメリカのアデルフィ大学に所属するリチャード・ルンドは、１９８５年にファルカトゥスの「個体数」に注目した論文を発表している。

ベア・ガルチ石灰岩層から発見されるファルカトゥスの個体数は、雄の数が雌の数を圧倒しているという。ルンドは、これを「レック」ではないかと指摘している。

レックは、日本語で「集団求愛場」ともいう。繁殖期に雄たちが集う場所のことだ。そこで雄たちは優位を競い、上位を勝ち取った雄から雌と交尾するという。

現生鳥類によくみられるレックでは、目立つディスプレイをもっている雄が優位に立つことが多い。その結果、性選択によってそのディスプレイが発達し、種の特徴となっていく。

ルンドたちの論文でとくに言及されているわけではないが、ベア・ガルチ石灰岩層がかつてのレックであるというのなら、ファルカトゥスの棒状突起は性選択の結果として発達したものなのかもしれない。この場合、「MV5386」と「MV5385」が交尾中の標本であるとしたら、雄である「MV5385」は交尾権を得た勝者、といえるだろう。

良質な化石を多産するベア・ガルチ石灰岩層から、もう一つの例を紹介したい。

それは、「ハーパゴフトゥトア（***Harpagofututor***）」という軟骨魚類の化石だ。

ハーパゴフトゥトアの全長は、20センチメートルに満たない。細長い外形で、吻部はやや鋭角だ。性的二型があるとされ、雄とされる個体は、頭部から1対2本の細い構造物が後方に向かって伸びる。

注目すべきは、アメリカ、セント・ジョセフズ大学のアイリーン・D・グロガンと、カーネギー自然史博物館のリチャード・ランドが2011年に報告した2個体の雌の化石だ。

「CM 8195」と「CM 35502」という標本番号が与えられたその2個体は、確かに「雌」だった。なぜならば、体内に胎児の化石が残っていたからだ。

ポイントは、胎児の状態だ。

まず、両標本の中に最低でも4個体以上がいたことが確認された。

そして、その胎児の成長段階が異なっていた。

通常、同じ時期に受精し、同じ時期に胎内で育ち始めた個体は、サイズが似るものだ。

もっとも、サイズが異なる例もないわけではない。一部の現生サメ類の胎児がそれだ。この場合、大きな胎児が小さな胎児を子宮内で食べて大きくなるという「子宮内共喰い」をしている可能性が指摘されている。

しかし、「CM 8195」と「CM 35502」のどちらの胎児たちにも、他の胎児を襲った証拠、襲うことが可能だった証拠（丈夫な歯など）は確認されなかった。子宮内共喰いの可能性は低い。

そのため、グロガンとランドは、これを「過妊娠」の証拠であるとしている。

過妊娠は「重複妊娠」とも呼ばれる。

いわゆる〝一般的な知識〟では、妊娠をした場合は排卵が停止するため、交尾をしても受精することはない。

しかし、妊娠期間中に〝先の妊娠〟を追いかけるように再び妊娠することは、ヒトを含む哺乳類でも確認されている。現生のヨーロッパノウサギ（*Lepus europaeus*）の過妊娠を分析した研究では、過妊娠によって、一度の出産で少しでも多くの子を産むことができるようになったのではないか、という〝進化の結果〟に言及されている。

もっとも、過妊娠が珍しい事例であることにちがいはなく、古生物も例外ではない。グロガンとランドによれば、「CM 8195」と「CM 35502」が初めての報告であるという。

過妊娠をするためには、頻繁に交尾を行って体内受精を重ねるか、あるいは、雌がその体内に放たれた雄の精子を一時的に貯蔵・保管して、その雄とは別の雄との交尾の直前あるいは直後で受精をするか、であるとされる。グロガンとランドは、少なくとも後者は行われていたのではないか、と別の個体の観察結果をもとに指摘している。

ハーパゴフトゥトアの性に関しては、過妊娠だけが注目されているわけではない。グロガンとランドは、胎児の大きさにも注目した。

とくに大きな胎児の頭骨は、母体の60〜66パーセントほどにまで成長していたのだ。6割以上だ。

かなりの大きさである。単純にヒトに置き換えてみれば、例えば、身長160センチメートルの母の胎内に、身長100センチメートルの胎児がいるようなものだ（なお、グロガンとランドが「全身」ではなく、「頭骨」に注目しているのは、胎児の全身が保存されていなかったためである）。

つまり、ハーパゴフトゥトアの母は、胎内でかなりの大きさにまで育ててから、子を出産していたことになる。

生まれた子も、一般的に「幼体」と呼ばれる期間は短かったにちがいない。グロガンとランドは、ハーパゴフトゥトアは早期に性成熟していたと指摘した。

性成熟が早ければ早いほど、新たな世代が次々に誕生していく。〝種の勢力〟を拡大するうえで、これは一つの戦略であるといえよう。

かくして、性はより複雑に、多様に進化していく。

Chapter

5

哺乳類の章

～ ペニスの骨とミルクの起源 ～

私たちに最も身近な動物群である「哺乳類」。もちろん、私たちヒトも哺乳類の一員である。約6400種を擁するこのグループには、はっきりとした性的二型をもつ種がいくつもいる。

例えば、ライオンの雄は鬣《たてがみ》をもつが、雌に鬣はない。

例えば、ヘラジカの雄はときに2メートルにも及ぶ巨大なツノをもつが、雌にツノはない。

例えば、アジアゾウの雄は長い牙（門歯）をもつが、雌は長い牙をもたない。

ほかにも多くの種において、雄と雌で形が異なる性的二型をみることができる。

こうした哺乳類の性的二型の歴史は、いつから始まったのだろうか？

哺乳類そのものの起源は、中生代三畳紀（約2億5200万年前～約2億100万年前）にまで遡ることができる。恐竜類の〝始祖〟が登場したこの時代、哺乳類の歴史も始まった。

しかし中生代の哺乳類に関しては、性的二型と判断できるほどの化石が発見されていない。量も質も、性的二型を議論するために十分な標本がそろっていないのだ。

ただし、もっと古い〝親戚〟に、性的二型があった可能性が指摘されている。

そもそも哺乳類は、「単弓類《たんきゅうるい》」という、より大きなグループを構成するグループの一つだ。かつて、硬骨魚類から史上最初の陸上脊椎動物が生まれたとき、それは両生類か、それに近いものだったと考えられている。やがて、その両生類（もしくは、その近縁グループ）から「竜弓類《りゅうきゅうるい》」と「単弓類」が登場した。竜弓類にはやがて爬虫類が出現し、単弓類には哺乳類が出現した。

哺乳類は単弓類を構成するグループのなかでは後発組で、そして、唯一の生き残りである。かつての単弓類には哺乳類が登場するよりも古くから多くのグループが存在し、世界各地で繁栄していた。

そうした〝哺乳類ではない単弓類〟の一つに「ディイクトドン（*Diictodon*）」がいた。哺乳類ではないけれども、同じ単弓類に属するものとして、私たちにとっては親戚のような存在である。

ディイクトドンは、実に愛らしい植物食の単弓類だ。全長は45センチメートルほど。小さな四肢と短い尾をもち、どことなくダックスフントを彷彿とさせる。ただし、ダックスフントとは異なり、頭部の先端は寸詰まり且つクチバシ状で、口の中には歯がなかった。恐竜類と哺乳類の登場した三畳紀から一つ時代を遡った、古生代ペルム紀の後半（約2億6500万年前〜約2億5200万年前）に栄え、南アフリカ、ザンビア、中国などから化石が発見されている。とくに南アフリカのカルー盆地では、ディイクトドンの化石が多産する。地層によっては産出する動物化石の実に6割をディイクトドンが占めるという。

そんなディイクトドンに性的二型があった。アメリカのハーバード大学のコーウィン・スリヴィアン

ディイクトドン。その牙は性的二型ではないか、と指摘されている。単弓類の性的二型として、最古のものとされる。

たちは、2003年に発表した論文で、そう指摘する。

その性的二型とは、「牙」だ。

ディイクトドンの口の中には歯はない。ただし、クチバシを挟むように、口の外側に左右1本ずつ牙をもつ個体がいた。

牙をもつ個体と、牙をもたない個体。つまり、牙の有無が、性的二型ではないか、ということである。

さて、古生物において、性的二型を判断するために必要な条件は多い。まず注意すべきは、「牙のあるディイクトドン」と「牙のないディイクトドン」は、「同一種なのか?」ということだ。

そこで、化石の産出状況が注目された。

実は、ディイクトドンの化石は、巣穴らしき構造の奥から発見されたものが少なくない。そして、「牙のあるディイクトドン」と「牙のないディイクトドン」の化石が一つの巣穴から発見されるという。異なる種が同じ巣穴で暮らしていたとは考えにくいため、スリヴィアンたちは、少なくともこうした巣穴が多数みつかっている南アフリカのディイクトドンについては、牙の有無にかかわらず、同一種であると判断した。

そして、同サイズのディイクトドンの化石を調べると、牙のある個体の数と牙のない個体の数は、カルー盆地の多くの産出地においてほぼ同じだった。このことも、どちらかが雄で、どちらかが雌であることを示唆するという。雌雄の数に極端な偏りがあれば、あぶれる個体が出る可能性があるからだ。

また、とくに保存状態の良い28個体の頭骨を調べたところ、牙のない個体であっても、成熟が確認された。牙は成長にともなってすべての個体が獲得する特徴ではないということだ。「牙のある成体」も、「牙のない成体」もいたことになる。

そして、牙には使われた痕跡が確認できなかった。食事の際に使っても、巣穴を掘るために使っても、武器として使っても、何らかの痕跡が牙に残るはず。その痕跡がなかったのだ。

ここで思い出されるのが、「性選択」である。

性選択によって発達した特徴は、モテるためだけのものが少なくない。ディイクトドンの「使われた痕跡のない牙」は、まさにこの特徴に該当するという。

化石の産状、個体数の比率、成熟度、機能など、さまざまな点が考慮された結果、「牙」が性的二型であると判断された。

スリヴィアンたちは、牙をもつ個体を「雄」と判断した。単弓類の生き残りである哺乳類をみても、性的二型としての牙は雄に発達することが多いからだ。スリヴィアンたちによると、ペルム紀後半に栄えたディイクトドンが、性的二型を確認できる単弓類として「最古の存在」にあたるという。

ペニスの骨

哺乳類の雄の生殖器、つまり「ペニス」には、他の動物にはない特徴がある。内部に骨があるのだ。その名を「陰茎骨《いんけいこつ》」という。

「え？　ペニスに骨？」

あなたが、そう思われるのも無理はない。なにしろ、ヒトにはないのだから。

ヒトだけが例外というわけでもない。

哺乳類のなかでも陰茎骨をもつものは、ヒトを除く多くの霊長類《れいちょうるい》、ネズミの仲間である齧歯類《げっしるい》、コウモリの仲間である翼手類《よくしゅるい》、イヌやネコの仲間である食肉類《しょくにくるい》、モグラの仲間である食虫類《しょくちゅうるい》などに限られる。

……「限られる」とはいっても、哺乳類における種数ナンバー1の齧歯類と、ナンバー2の翼手類が含まれるので、実際には哺乳類の大多数の種が陰茎骨をもつともいえる。

それでも、「ペニスに骨がある」ということは、古来、多くの人々にとって盲点だったようだ。イギリス、リヴァプール大学のパウラ・ストックレイが２０１２年に発表した論文によると、人類が陰茎骨の存在に気づいたのは、17世紀になってからであるという。古代からの〝人類の友〟であるイヌやネコの雄が陰茎骨をもつことさえ、人々は気づいていなかったらしい。

陰茎骨は、他のどの骨ともつながっていない。多くの種でペニスの先端の尿道の上にある。長さと形状は種によってさまざまで、例えば、イヌの場合は、中型犬で約6センチメートルとされる。同じ食肉類であっても、セイウチでは、実に60センチメートルもの長さになる。イヌのそれは棒状で溝があり、セイウチのそれはちょっと曲がった棍棒《こんぼう》のようだ。

陰茎骨は、化石として残る。世界各地のさまざまな化石産地から、さまざまな陰茎骨の化石が発見されている。

そうした化石のなかで「最大級」とされている標本は、長野県に分布する新生代新第三紀中新世の半ば（約１３００万年前）の地層から発見された。完全体ではないものの、シンプルな棒状のそれは、長さは43センチメートル、幅は最大で6センチメートル、厚さは最大で9センチメートルあった。

ただし、この化石は陰茎骨しかなかった。陰茎骨以外の化石がないのだ。20世紀半ばまで個人が所蔵していたもので、〝その先の分析〟を進めるための多くの情報が欠けていた。

２００７年にこの標本に関する研究を発表した群馬県立自然史博物館の長谷川善和（所属は当時）は、

シンプルな棒状の陰茎骨は、クマ類や、アシカやアザラシの仲間である鰭脚類《ききゃくるい》に多いことに着目した。そして、現生の鰭脚類のなかで最も大きな陰茎骨をもつセイウチを参考にこの標本を復元した。その結果、この陰茎骨の本来の長さは70センチメートルに達すると推測された。現生のセイウチの陰茎骨よりさらにひと回り大きいことになる。

しかも陰茎骨は、ペニスの先端にある骨だ。つまり、陰茎骨の長さとペニス全体の長さはイコールではない。ペニスは陰茎骨よりさらに大きいのだ。

かつての日本には、とんでもなく巨根の哺乳類がいたようだ。

長野県産の巨大陰茎骨。A：左側面、B：背面、C：右側面、D：腹面。写真提供：群馬県立自然史博物館

トゲ付きのペニス（の骨）

陰茎骨の形は多様だ。

イヌやセイウチの陰茎骨はかなりシンプルな方で、なかには、スプーン状に広がった先端の縁に細かなトゲが並んだものや、先端が三叉《みつまた》の矛のようになった陰茎骨をもつ種もいる。

ストックレイの2012年の論文では、陰茎骨の形の多様性に関して「錠前と鍵の仮説（lock and key hypothesis）」が紹介されている。

それは、「交尾に際して、種ごとに決まった形状の陰茎骨が必要」という考え方だ。異種交配を防ぐ役割があるのではないか、というわけである。

実際のところは、どうなのだろう？

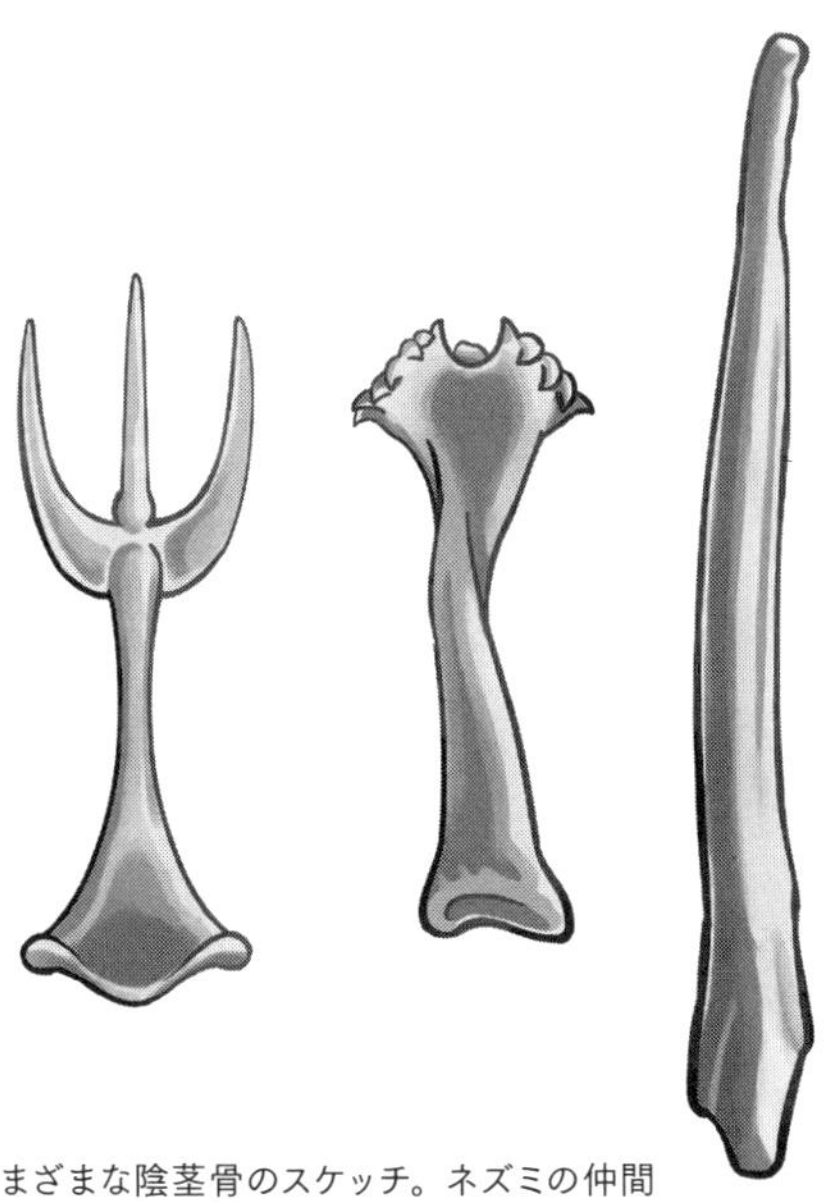

さまざまな陰茎骨のスケッチ。ネズミの仲間のもの（左）、リスの仲間のもの（中）、クマの仲間のもの（右）。Stockley（2012）を参考に作画。

陰茎骨の多様性にどのような意味があるのだろうか？

アメリカ、ユタ大学のテリ・J・オアと、マウント・ホリオーク大学のパトリシア・L・R・ブレナンは、翼手類、食虫類、霊長類、齧歯類の4分類群、合計296種の陰茎骨を調べ、その結果を2016年に発表している。

まず指摘されたのは、性選択の結果として、陰茎骨にトゲが発達したのではないか、ということだ。陰茎骨云々にかかわらず、哺乳類には一度の交尾で複数の雄が1頭の雌と交尾をする種と、一度の交尾で特定の個体としか交尾を行わない種がいる。あけすけに言ってしまえば、「乱交型」と「非乱交型」が存在する。

そして、調査の結果、トゲは非乱交型の種でより発達していたのである。オアとブレナンはこの点に注目し、陰茎骨のトゲは、「特定の雄を選ぶ」という雌の選択によって進化してきた可能性を指摘した。乱交型の雌は、交尾のときに、特定の雄を選ぶ余裕はないとみられるからだ。雌の選択権は、非乱交型でこそ発動する。言い換えれば、雌がトゲを好むという性選択で、〝トゲ付き陰茎骨〟が発達してきたというわけである。

ただし、陰茎骨のトゲは性選択による〝モテるためだけの特徴〟とは、オアとブレナンは断言していない。実用性があるかもしれないのだ。

例えば、乱交型の場合だ。乱交型の生態をもつ種は、1頭の雌に対し、次から次に別の雄が交尾をする。雄の入れ替わる時間が短ければ短いほど、雌の膣内には、先に交尾をした雄の精子が残っている。陰茎骨のトゲは、そうした〝先客〟の精子を掻き出す役割があるのではないか、というのである。

ただし、これは考え得る仮説の一つであり、観察や実験によって裏づけられたものではない。そして、そもそも乱交型の種にはトゲのないものが多いという点で、この説には矛盾もある。トゲが、雌の膣内に残った他の雄の精子を掻き出すことに有用ならば、乱交型の種にこそ必要なはずなのに……。

結局のところ、トゲの進化に関する一定の推理はできるものの、その役割に関しては〝推理の材料不足〟となっている。オアとブレナンは、より多くの分類群を調査する必要性について言及している。

なお、調査対象となった4分類群において、食虫類と霊長類では、トゲのある種とトゲのない種はほぼ同数だった。一方、翼手類はトゲのない種が大半（69パーセント）であり、齧歯類ではトゲのある種が圧倒的（95パーセント）だった。どうやら、特定の分類群でトゲが発達する傾向にあるようだ。

長さ、太さ、そして、交尾時間

トゲの役割以前に、陰茎骨そのものの役割が実はわかっていない。

陰茎骨はヒトにはない。ただし、霊長類には、陰茎骨をもつ種が多い。ヒトはどうやら進化の過程で陰茎骨を失ったらしい。しかし、陰茎骨をもたずとも、ヒトの交尾（性交）には支障がない。

ヒトが失い、他の多くの哺乳類で維持されている陰茎骨。その役割は何なのか？　研究者たちは、その謎に挑んできた。

アメリカ、サンディエゴ動物園協会のアラン・ディクソンたちは、2004年に発表した研究で、陰茎骨の長さは、交尾時間と関係があると指摘している。

ディクソンたちは、食肉類、翼手類、霊長類の合計57種について、陰茎骨の長さと交尾時間（具体的には、ペニスが膣に挿入されている時間）を調査した。その結果、長い陰茎骨をもつものほど、交尾時間も長かったという。

交尾の時間が長いと、どのような利点があるのだろうか？

ストックレイの2012年の論文では、交尾時間の長さの〝肝〟は、射精後にあることが示唆されている。それは、先ほどの陰茎骨のトゲと似た話だ。

射精後も長く膣内に挿入し続ければ、その間は他の雄による交尾を防ぐことができる。他の雄に交尾をさせない時間が長ければ長いほど、自分の精子が膣の奥まで進む。掻き出される心配もない。自分の精子が受精できるチャンスが、その分だけ増えるわけだ。

なお、ディクソンたち自身は、この研究結果の解釈を広げることには慎重だ。分析の対象としなかった哺乳類グループにまで適応すべきではない、としている。その根拠として、交尾時間が長いことで知られる有袋類《ゆうたいるい》に陰茎骨がないことなどを挙げている。長時間の交尾に陰茎骨が必須というわけではないのだ。

イギリス、リヴァプール大学のスティーヴン・A・ラムは、2007年に翼手類、食肉類、霊長類、齧歯類の合計403種の陰茎骨を調べ、とくに齧歯類において、陰茎骨の長さと精巣の大きさが関係していることを見いだした。

ラムによると、齧歯類では陰茎骨の長い種が、精巣も大きいという。そして、精巣が大きければ、そこから供給される精子の〝競争力〟も高いという既報のデータを用い、「長い陰茎骨をもつ齧歯類は、精子の競争力も高い」と推測している。

なぜ、精巣が大きく陰茎骨が長い種では、精子の競争力が高くなるのか？　そのメカニズムに関しては、ラムは「重大な疑問（significant questions）」であるとしている。つまるところ、決定的なことはわかっていない。

それでも、いくつかの仮説はある。

一つは、「陰茎骨が長い」＝「ペニスが長い」としたうえで、ペニスが長い方が、より膣の奥で射精できるとの指摘だ。射精位置が奥であればあるほど、精子が卵子と出会うまでに要する距離は短くなる。短いペニスよりも、距離的に有利というわけだ。

一つは、陰茎骨の刺激がより膣奥に届くことによって、〝排卵誘発物質〟あるいは、それに類するものが分泌され、精子の競争を助けているという。

一つは、陰茎骨が尿道を保護することにより、繰り返しの交尾に耐えられるようにしているという。

いずれの仮説が有力というわけではない。自分の子孫を残すために長い陰茎骨が有益であるなら、それが哺乳類全体の特徴にならないのはなぜなのか、ともラムは指摘している。他の哺乳類グループでも有益な特徴として発達しなかった理由がわからない。

理由はわからないが、少なくとも齧歯類では、陰茎骨の〝立派さ〟が重要らしい。

こんな実験データが報告されている。西オーストラリア大学のレイ・W・シモンズと、ルネ・C・ファーマンが2013年に発表した論文だ。

シモンズとファーマンは、現生のハツカネズミ（***Mus domesticus***）の雌雄20ペアを2つのグループに分けて飼育し、一方には自然のままの〝乱交〟を許し、もう一方には〝乱交〟をさせぬように最初の交尾後に隔離を行った。

この実験を27世代繰り返した結果、前者のグループの陰茎骨は厚くなっていたという。シモンズとファーマンは、陰茎骨の進化には乱交が関係していると指摘している。

ペニスの骨は、〝独自進化〟した骨だった？

結局のところ、やはり陰茎骨の役割はわかっていない。

あるグループにみられる〝役割らしきもの〟は、他のグループではみることができず、別のグループでみられる〝役割らしきもの〟も、陰茎骨をもつ哺乳類に共通したものではない。

いったい、この骨は何なのだ？

2016年、アメリカの南カリフォルニア大学のニコラス・G・シュルツたちは、さまざまな分類群に属する哺乳類、合計954種の陰茎骨の有無を調べ、そのグループの進化との関係を分析した。そのなかで、「そもそも、すべての哺乳類に共通する『陰茎骨の役割』は存在しないのではないか」という趣旨の指摘をしている。

現生哺乳類は、翼手類、食肉類、霊長類、齧歯類といった胎盤を備える「有胎盤類《ゆうたいばんるい》」と、カンガルーに代表される「有袋類」、カモノハシに代表される「単孔類《たんこうるい》」の3グループに分類される。このうち、陰茎骨をもつのは有胎盤類だけだ。単孔類にも有袋類にも陰茎骨はない。したがって、哺乳類はその共通祖先の段階では、陰茎骨をもたなかったことになる。

この3グループでは、有胎盤類と有袋類は近縁で、単孔類は両グループとは遠縁だ。そして有胎盤類と有袋類は、遅くとも中生代白亜紀前期（約1億4500万年前〜約1億年前）には道を違え、異なる進化を歩み始めたことが化石記録からわかっている。陰茎骨はその後の有胎盤類の進化のなかだけで獲得された。

そして、シュルツたちの分析によれば、「有胎盤類の進化のなかだけで」という表現も正しくないという。

有胎盤類が多様化し、分岐したその先のそれぞれのグループで、陰茎骨をそれぞれ独自に獲得していったというのだ。

例えば、食肉類では、すべての食肉類の共通祖先には陰茎骨があったとみられている。ただし、その後の多様化のなかで、陰茎骨を消失したグループが少なくとも2つあった。

霊長類においては、共通祖先に関してはデータがない。しかし、霊長類を構成する2つの大きなグループ、曲鼻猿類《きょくびえんるい》（キツネザルの仲間）と直鼻猿類《ちょくびえんるい》（ヒトの仲間）で、それぞれ独立して陰茎骨を獲得した可能性が高いという。そのうえで、直鼻猿類の一部のグループは、進化の過程で陰茎骨を失った。ヒトは、その歴史のはじまりから陰茎骨がない。ヒトに至る祖先のどの段階で陰茎骨を消失したのかは、よくわかっていない。

齧歯類は、すべての種の共通祖先の段階で陰茎骨をもっていた。その後、進化と多様化が進んでも、陰茎骨を失ったものはいない。

こうして哺乳類全体を見渡すと、陰茎骨は少なくとも9つの大きなグループで独立して獲得されたという。そして、その後の進化と多様化のなかで、少なくとも10の小さなグループが陰茎骨を消失したとシュルツたちはまとめている。

つまり、一括《ひとくく》りに「陰茎骨はペニスの骨」としているけれども、その進化は、グループごとに独立したものだった。そもそも独立して獲得された骨だからこそ、その役割もグループごとに異なる、というわけだ。

なお、シュルツたちは自分たちが調査に用いたデータが不完全であることにも言及している。その理由の一つは、陰茎骨が確認されていない種が、陰茎骨をもっていないとは限らないためだ。なにしろ、陰茎骨は大きさがさまざまで、電子顕微鏡を用いなければ確認できない場合もあるという。そうした種の陰茎骨は、今後の調査で存在が明らかになっていくことだろう。

いつから乳を飲んでいる?

陰茎骨が「哺乳類の雄」に関する特筆すべき話題であるのなら、「哺乳類の雌」に関する特筆すべき話題として「乳(ミルク)」に触れないわけにはいかない。

私たち哺乳類は、「乳」で「哺《はぐく》む」という文字が示すように、母乳で育つ。乳は母の乳首から分泌される。父にも乳首はあるが、父の乳首から乳は分泌されない。

陰茎骨は、「有胎盤類」「有袋類」「単孔類」のうち、有胎盤類だけがもつ特徴だった。しかし、「乳」はちがう。有袋類も単孔類も、乳で子を育てる。

有袋類は袋の中に乳首があるし、単孔類には乳首はないけれども、母の皮膚の特定の場所から乳がにじみ出る。有胎盤類に関しては、改めて書くまでもないだろう。

本項では『おっぱいの進化史』(浦島匡、並木美砂子、福田健二 共著/技術評論社)、『わたしは哺乳類です—母乳から知能まで、進化の鍵はなにか』(リアム・ドリュー 著/インターシフト/原題:『I, Mammal: The Story of What Makes Us Mammals』)の2冊と、2つの論文を参考に話を進めよう。

哺乳類はいつから、乳で子を育てているのだろう？

残念ながら、乳も乳首も乳房も、化石には残らない。

乳を分泌する部位は、「乳腺」と呼ばれる。もちろん、乳腺も化石に残らない。

乳腺の起源に関しては、アメリカのスミソニアン動物園に所属していたオラブ・T・オフテダルが2002年に発表した仮説がある。

オフテダルによると、乳腺はある種の汗腺から進化した可能性があるという。その汗腺と乳腺の特徴がよく似ており、その汗腺の方が歴史的に古いとみられるからだ。つまり、ざっくりと言えば、「乳の起源は汗」ということになる。

この仮説では、哺乳類の祖先はもともと卵生で、その卵は乾燥に弱かったとみなしている。そこで、母が汗腺から水分を供給し、卵の乾燥を防いでいたのではないか、とされる。

実際のところ、現生哺乳類で最も原始的とされる単孔類は、卵生だ。従って、少なくとも単孔類よりも原始的ですでに絶滅している哺乳類、あるいは、哺乳類の祖先につながる単弓類が卵生であっても不思議ではない。

ただし、その卵の化石は発見されていない。例えば、本章冒頭で紹介したペルム紀のディイクトドンは、さまざまな世代の化石が発見されており、巣穴も確認されているが、卵の殻は未発見だ。

オフテダルの仮説では、ディイクトドンのような動物の卵殻の化石が発見されていないことについても、一応の説明がつけられている。乾燥に弱い卵ということは、硬い卵殻ではなく、水分の蒸発しやすい〝膜のようなもの〟で卵が覆われていた可能性がある。卵殻が硬くなかったからこそ、化石に残らなかったというわけである。「化石がない」という状況証拠が、オフテダルの仮説を支えている。

もっとも、「化石がない」を証明することは難しい。単純に、みつかっていないだけとみなすこともできるからだ。

では、「乳の起源」について、化石記録からはどのように迫ることができるだろうか?

現生の有胎盤類、有袋類、単孔類は、いずれも乳腺をもっている。そして、オーストラリア、ディーキン大学のクリストフ・M・ルフェーヴルたちが2010年に発表した論文では、乳の成分においてある種のタンパク質がこれらの3グループに共通していることなどがまとめられている。

共通する特徴があれば、その特徴はそれぞれのグループが分かれる前の共通祖先から受け継がれたと考えることが自然だ。つまり、「乳（乳腺）の起源」は、有胎盤類、有袋類、単孔類の共通祖先までその歴史を遡ることができる。

知られている限り最も古い有胎盤類は、中国にある約1億6000万年前（中生代ジュラ紀後期の初頭）の地層から化石が発見されている「ジュラマイア（*Juramaia*）」だ。ネズミやリスのような姿で復元されるこの動物は、全長10センチメートルほどと小さなからだをしていた。

最古の有袋類と最古の単孔類の化石は、ともに白亜紀の地層から確認されている。つまり、今のところ、有袋類と単孔類は、有胎盤類の最古の記録よりも新しい時代の化石しか発見されていない。有胎盤類、有袋類、単孔類の共通祖先がいるとしたら、この3グループで最も古いジュラマイアよりもさらに古いはず。その共通祖先から、有胎盤類、有袋類、単孔類が分岐して進化したと考えられる。つまり、乳（乳腺）の起源は、ジュラマイア以前（約1億6000万年前以前）にまで遡ることができる。

そして、単孔類はより広い分類群である「南楔歯類《なんきつしるい》」というグループの生き残りであるとされている。南楔歯類自体は、約1億6600万年前のジュラ紀中期には出現していた。

そのため、有胎盤類、有袋類、単孔類（南楔歯類）の共通祖先は、ジュラマイアの記録よりもさらに6600万年以上前のジュラ紀中期以前に存在していたとみなすことができる。この時点ですでに哺乳類には、乳（乳腺）があった可能性が高い。

当時の地球は、全長10メートル級、20メートル級の恐竜たちが地上を我が物顔で闊歩《かっぽ》していた時代だ。そんな恐竜たちのそばで、哺乳類の母は、子に乳を与えていた。どうもそれは確からしい。

今のところ、化石記録から遡ることができる乳の起源は、ここが限界だ。

オフテダルの仮説が正しいのであれば、哺乳類というよりも単弓類のレベルで、その歴史の初期から〝のちに乳腺となる汗腺〟を備えていたことになる。卵を乾燥から守るための汗が必要だからだ。

単弓類の歴史は、ディイクトドンのいたペルム紀よりも古く、古生代石炭紀（約3億5900万年前〜約2億9900万年前）に始まった。この点に注目すれば、石炭紀からジュラ紀中期のどこかで、汗腺が変化して乳腺となり、乳による子育てが開始されたことになる。

乳腺自体の構造はかなり複雑だ。そのた

ジュラ紀にみることができたかもしれない光景。哺乳類の母は、すでに子に乳を与えていた可能性が高い。

め、オフテダルもルフェーヴルたちも、他の多くの生物学者も、乳腺が一朝一夕で進化したとは考えていない。ルフェーヴルたちの論文では、長い時間をかけてゆっくりと乳腺がつくられていった可能性が指摘されている。

ネアンデルタール人の母乳生活

乳は偉大だ。

なにしろ、哺乳類の幼体が成長するために必要な栄養素が詰まっている。

もちろん、私たちヒトも、その恩恵を受けて一生のスタートを切る。

厚生労働省が2016年に発表した「乳幼児栄養調査結果の概要」によると、現代日本における新生児の44・9パーセントは、生後の半年間を乳だけで育てられているという。その後、離乳食と併用した生活へと変わり、61・2パーセントが生後18か月(1年半)までに母乳を必要としなくなる。いわゆる「卒乳」だ。

このデータは個人差が大きいし、時代によっても多少異なる。例えば、2006年には、離乳食の開始と卒乳の時期は1か月ほど早かった。

生物体としての卒乳は、母乳に頼らずとも行動できることを意味している。

それは、〝独り立ち〟への大きな一歩だ。

絶滅した哺乳類について、その卒乳時期を知るにはどうしたら良いだろう?

アメリカ、マウントサイナイ医科大学のクリスティン・オースティンたちは、2013年にネアンデルタール人の卒乳時期に迫った研究を発表している。

現生人類は、「ホモ・サピエンス(*Homo sapiens*)」の1種しかいない。しかし、太古にはさまざまな人類がいた。ネアンデルタール人は、そうした絶滅人類の一つである。学名は、「ホモ・ネアンデルタレンシス(*Homo neanderthalensis*)」。約35万年前から約2万8000年前にかけてヨーロッパからシベリア、西南アジアに生息していた。ホモ・サピエンスと比べると身長はやや低く、体格はややがっしりしていた。その生息域ではホモ・サピエンスと共存し、交雑していたことが知られている。

オースティンたちが注目したのは、そんなネアンデルタール人の歯の化石である。

動物のからだのなかで最も硬いパーツである歯には、成長にともなう成長線が日々残されていく。この〝歯の日輪〟ごとに、それをつくる化学成分がどのように変化したのかを調べたのだ。

その結果、ある種の元素の量が大きく変化していることがわかった。その元素の量は、歯の形成初期に急上昇し、高い割合を227日間（生後約7か月半）にわたって維持していたことが明らかになった。228日目から435日目（生後約1年2か月半）にかけて、その値は少し下がったのち、436日以降は低い割合に落ち着く。

このことから、オースティンたちは、ネアンデルタール人の卒乳時期を生後約1年2か月半と指摘している。

今後、この研究手法を応用することで、絶滅哺乳類の卒乳時期が詳しくみえてくるかもしれない。母乳利用の変化がわかる可能性もある。

他の動物の乳に〝気づいた〟ヒト

「乳《ミルク》という視点でみると、ヒトは特異な種ですね」

本章の監修者である国立科学博物館の木村由莉は、そう話す。

ヒトは他の動物の乳を飲むからだ。

本来、乳は子の初期成長に欠かせない栄養分として、その母が供給するもの。

これに対して、現生人類はウシやヤギなどの乳を飲む。無論、ヒトはウシやヤギの子ではない。ウシやヤギも、ヒトのために乳を分泌しているわけではない。

さらに言えば、ヒトは、卒乳後も乳を飲み続ける。これも、ヒトだけにみられる特徴だ。ヒト以外の動物では、卒乳したら乳は飲まない。

もちろん、栄養がぎっしりと詰まった乳である。飲み続けることは悪いことではなく、むしろ、良いことだ。ただし、その栄養、とくに「乳糖」と呼ばれる糖分を吸収するためには、特別な酵素が必要となる。その酵素の名前を「ラクターゼ」という。

少なくともヒトに関しては、ラクターゼの〝はたらき〟に個人差がある。多くの場合、卒乳すると、ラクターゼのはたらきは低下する。「牛乳を飲むと、お腹がゴロゴロする」という人もいるだろう。それは、ラクターゼのはたらきがとくに弱くなっているからとみられている。卒乳後にラクターゼのはたらきが低下するのは、生物種という視点でみれば、ごく普通のことである。

ところが世界には、一生を通じてラクターゼのはたらきがまったく低下しない人々がいる。哺乳類のなかでも、ヒトのなかでも、〝特異〟といえる人々だ。世界人口のおよそ1割とされ、ヨーロッパやアフリカ、中東、南アジアに多いという。こうした地域の人々が卒乳後もラクターゼの高いはたらきを維持できるのは、〝特定の遺伝子〟を獲得しているからだ。

ラクターゼのはたらきを卒乳後も維持する遺伝子。もちろん、その遺伝子がなくても、他の動物の乳を飲むことはできる。ただし、この遺伝子をもっていれば、牛乳やヤギのミルクを飲んでもお腹がゴロゴロすることはない。

この遺伝子は、生涯にわたって乳を飲み続ける文化のなかで獲得されたらしい。卒乳すれば、当然ながら母の乳に頼るわけにはいかない。そこで、他の動物の乳に着目した人たちがいた。文化史の視点でみれば、「酪農の成立」である。酪農は、ヨーロッパで発展してきた文化だ。これは、〝特定の遺伝子〟をもつ人々の分布と重なってくる。

そして、その文化が定着した〝およそ1割の人々〟が、〝お腹がゴロゴロ〟とは無縁の生態を遺伝子レベルで獲得した。あるいは、この〝特定の遺伝子〟を獲得したからこそ、他の動物の乳を飲む文化が定着したのかもしれない。

いずれにしろ、遺伝子の変化であれば、遺伝子を調べることが王道だ。

イギリス、ユニバーシティ・カレッジ・ロンドンに所属するユバル・イタンたちは、各地に暮らす人々の遺伝子を調べ、その地にいつ人々が到着したのかなどの文化的なデータも用い、コンピューターシミュレーションによって〝特定の遺伝子〟の起源の解明に挑んだ。そして、その結果を2009年に発表した。

イタンたちの研究によると、約7500年前のバルカン半島中央部とヨーロッパ中央部の間で〝特定の遺伝子〟が獲得されたという。

「他の動物の乳を飲む」ことの〝起源〟だ。

雄の陰茎骨、雌の乳。「男と女」で特殊化した哺乳類。

そのなかでも、さらに特殊化したヒト。

私たちは、性の進化史のなかで、かなり特異な存在となったのである。

Chapter

6

介形虫の章

～ 交尾姿勢と精子が決める進化 ～

化石には、さまざまな特徴が残されている。

そのなかには、「ひょっとしたら雄（あるいは雌）の特徴ではないか？」と思われるものも少なくない。

しかし多くの場合で、雌の特定はできたとしても、雄の特定は困難だ。

雌の場合、体内に胎児、あるいは卵を確認できれば、そうと確かにわかる。

雄の場合、そうと特定するためには、ペニスが必要だ。

問題は、多くの動物でペニスがやわらかい組織でできているということだ。胎児の骨や卵の殻といった硬組織を内在する〝母の化石〟は、少なくない数の化石が発見されている。一方、軟組織は化石に残りにくいため、「雄」と特定できる化石は希少だ。軟骨魚類などにみられるクラスパーや、哺乳類の陰茎骨は、かなり特殊な存在といえる。

ペニスが化石として残らないのならば、妊娠していない雌（胎児や卵が体内に確認できない雌）の化石と雄の化石を見分けることは難しい。そこで、多くの古生物においてその性別は、性的二型とみられる外観的な特徴をもとに推測することになる。

しかし、それはあくまでも推測だ。「性的二型とみられる特徴」は、「本当に性的二型なのか」という疑問が常につきまとう。

動物の特徴は、同じ種であっても、成長とともに刻々と変化する。幼体、亜成体、成体で同じ特徴が維持されるとは限らない。個体差だって存在する。

そんな曖昧な情報から性に関する特徴を見いだすためには、化石の「数」が必要だ。多数の化石からある傾向を読みとることができて初めて、それが「種の性の特徴」を示す有力な指標となる。

恐竜類の化石は、残念ながら「数」がない。性的二型とされる特徴の候補はいくつかみてとれたとしても、そうした候補をその種の性的二型として普遍化させ、多くの研究者を納得させられる説得力をもった数の標本がそろうケースはまれだ。

一方、アンモナイト類の化石には、「数」がある。だから、性的二型を認識できる種がいくつも存在する。ただし、ほとんどの種で軟体部が発見されていないために、性的二型がわかっても、どちらが雄で、どちらが雌なのかを決める手がかりに欠けている。一般的には、サイズの大小に頼ることになるが、例外があることは、すでにみてきた通りだ。


このように、太古の動物の性にまつわる情報を、化石から得ることは難しい。

ただし、その化石種のグループの子孫、つまり、近縁の現生種がいたら、どうだろう。ペニスや胎児といった性別を特定する痕跡が化石に残っていなくても、現生種との比較からさまざまなことがわかるのではないか。

現生種の性別は観察によってわかるのだから、そこに「雄だけの特徴」「雌だけの特徴」をみつければ良い。そして、こうした特徴を化石にも確認できれば、その化石種の性別判定は、かなり「確からしいもの」になる。

古生物の性を知るためには、化石の数が欲しい。

できれば、化石種と近縁の現生種もいてほしい。

実は、これらの条件を兼ね備えた（ほとんど唯一の）グループがある。発見されている化石の数も膨大で、保存状態に優れたものが多く、また現生種も存在する。

そのグループを「介形虫類」という。

性を有する〝最古〟の化石

「介形虫類」と聞いて、その姿をパッと思い浮かべることができる人は少ないかもしれない。介形虫類とは何者か、ここで情報を簡単にまとめておこう。

介形虫類は、エビやカニと同じ甲殻類を構成する一群だ。甲殻類は昆虫類などとともに節足動物という大きなグループをつくり、節足動物は無脊椎動物の代表的な動物群である。

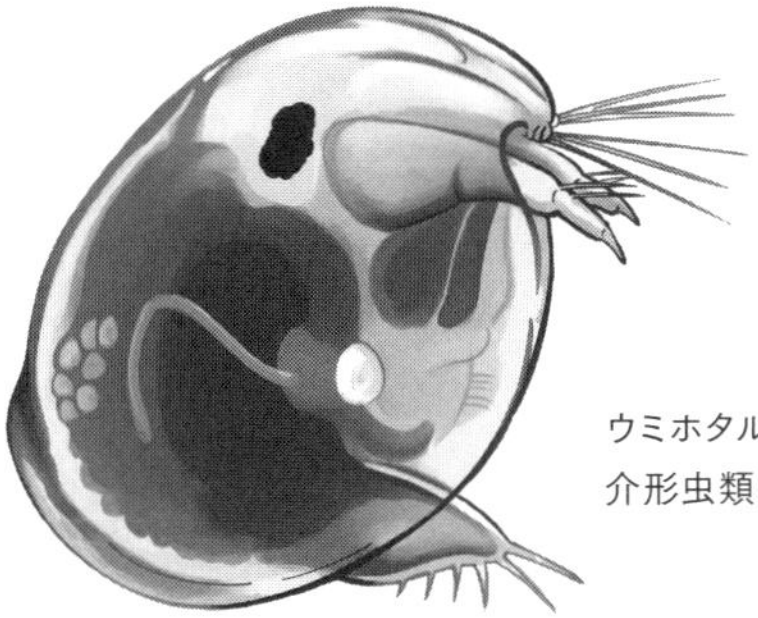

ウミホタル。
介形虫類の一つ。

淡水から海水までさまざまな水圏に生息し、水底を歩く種も、水中を泳ぐ種もいる。比較的よく知られている現生種としては、ウミホタル（***Vargula hilgendorfii***）を挙げることができる。東京湾アクアライン上のパーキングエリア「海ほたる」は、この生物にちなんで名づけられた。

同じ甲殻類であるエビやカニと比べると、その多くの種は、かなり小さい。とくに海底を歩く種は、全長1ミリメートルほどのものがほとんどで、成体でも全長0・3ミリメートルという小さな種も存在する。いずれにしろ、細部の観察には顕微鏡が必要だ。

こうした生物の化石は、とくに「微化石」と呼ばれている。殻などの硬組織をもつ微小生物は、その硬組織がよく化石として残り、発見される数も多い。〝完全体〟が数十、数百みつかるケースも少なくない。

介形虫類は「貝形虫類」とも書き、「カイミジンコ」とも呼ばれる（古生物学の界隈では英語の「Ostracoda《オストラコーダ》」を略し、「オストラ」という呼び名がよく使われる）。そして、「貝（カイ）」という文字から示唆されるように、キチン質、あるいは、石灰質の〝貝殻〟を2枚（もともとは1枚の背甲）もつ。その2枚の殻の中にミジンコのような軟体部があり、殻の背側は蝶番で連結し、腹側が開く。イメージとしては、エビやカニの甲羅を背中で縦に二つに折り曲げ、開閉に使う蝶番部分はそのままにして、残りを硬質化（石灰化）させたようなものだ。

介形虫類の化石としてよく残るのが、この殻である。しかも、種によって殻の形が異なるという特徴がある。また、介形虫類は卵生、もしくは卵胎生であり、卵を抱えるため、あるいは孵化した幼体を一定期間、殻の中で育てるための保育嚢《ほいくのう》をはじめ、「雌だけがもつ特徴」が殻の形に反映されている種が多い。そのため、殻だけで雌と特定できる場合が少なくない。

実は、そのような殻の特徴から性別が特定され、「日本最古の雌雄」として発表された介形虫類がいる。それは、2018年、イギリスのレスター大学のディヴィッド・J・シヴェターと金沢大学の田中源吾（現、熊本大学）たちによって、岐阜県高山市にある古生代シルル紀の地層から報告された複数の介形虫類だ。

軟組織の化石は残っていなかったが、現生種と比較することで殻の形態から雌雄を推定できるのが介形虫類の強みである。もちろん、近縁の現生種がいなければ不可能な話だが、幸いこの新種の化石は、その条件をクリアしていた。

そして調べると、近縁の現生種と同じような〝卵や幼生を抱える空間〟を殻にもつ個体と、その空間をもたない個体が確認できた。この空間は保育嚢であり、雌特有のものである。つまり、保育嚢をもつ個体は雌で、もたない個体は雄と推定された。

シヴェターたちによると、この介形虫類は既知の「クリンティエラ（*Clintiella*）」属の仲間であり、そして、現在知られている限り、日本最古の雌雄であるという。

さらに、発見場所が極めて近かったことから、つがい《カップル》の可能性が高いとシヴェターたちは指摘した。この介形虫類には、クリンティエラ属の新たな種として「クリンティエラ・アンチフリッガ（*C. antifrigga*）」という名前が与えられた。「アンチフリッガ」には、「太古の結婚の女神」という意味がある。

介形虫類には、まぎれもなく「世界最古の雄」の報告もある。

その化石は、イギリスのヘレフォードシャーに分布するシルル紀の地層で発見された。絶滅魚類の章で紹介した「脊椎動物の最古の雄」であるミクロブラキウスよりも、2000万年以上も古い化石である。

その介形虫類の大きさは、全長5ミリメートルほど。米粒サイ

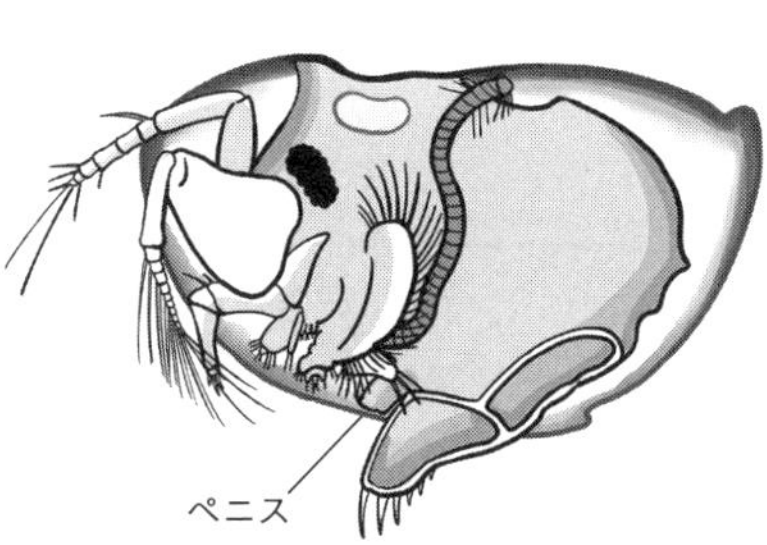

コリンボサトン。左殻を外した“化石のスケッチ”。Siveter et al. (2003) を参考に、付属肢の細部は一部類推して描いた。詳細は次ページにて。

ズの2枚の殻に挟まれた内部に、現生種とよく似た「ペニス」があった。

そう、この化石にはペニスが残っていた！

2003年、レスター大学のシヴェターたちは、この介形虫類に対し、「泳ぐ大きなペニス」という意味を込めて、「コリンボサトン（***Colymbosathon***）」という名前を与えた。ちなみに、これはこの化石の個体名ではなく、種類名（属名）である。雌もいたはずだがみつかっておらず、また、みつかったとしても「泳ぐ大きなペニス」という名前が変わることはない。

シヴェターたちによると、150〜200メートルの水深に生息し、その名が示すように泳ぎはなかなか達者だったらしい。

ヘレフォードシャーの地層から産出する介形虫類の化石は、コリンボサトンだけではない。2007年には、20個の卵と2匹の幼生を殻の中に内包した雌の化石がシヴェターたちによって報告されている。全長は5・9ミリメートルほど。コリンボサトンより少しだけ大きい。

この介形虫類には、「若い女性」と「保護者」を意味する「ニムファテリナ（***Nymphatelina***）」という

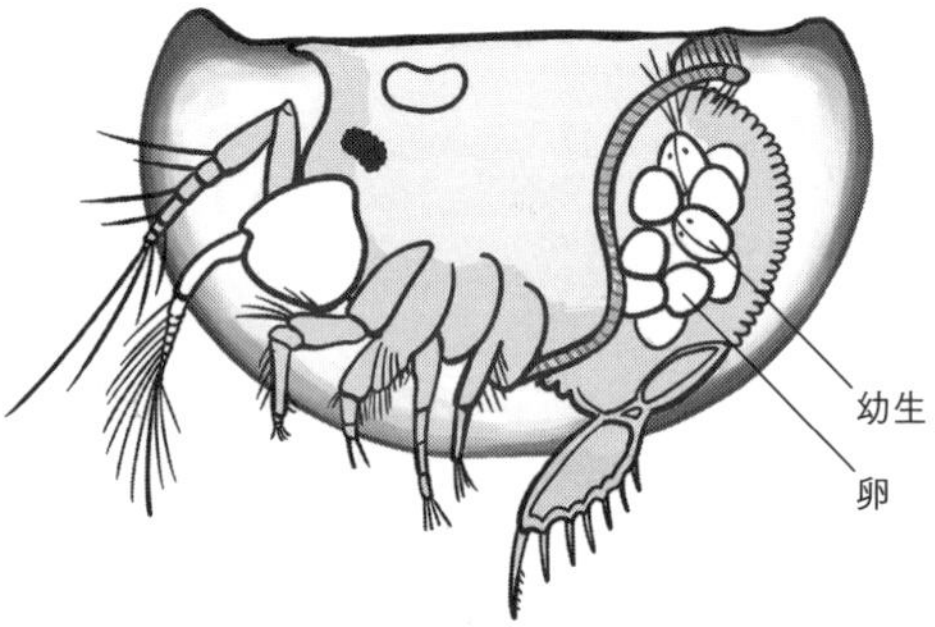

ニムファテリナ。左殻を外した“化石のスケッチ”。Siveter et al. (2007) を参考に、付属肢の細部は一部類推して描いた。

名前が与えられた。ちなみに、これも個体名ではなく、種類名（属名）であるので、仮に雄が発見された場合でも、ニムファテリナ（保護する若い女性）と呼ばれることになる。

もっとも、ニムファテリナは、「世界最古の雌」というわけではない。実はもっと古い時代の地層から、体内に卵を抱えた、雌と断言できる動物化石が発見されている。

ただし、卵と幼生をともに体内に抱えた動物化石としては、ニムファテリナが最古である。その意味で、ニムファテリナもまた、雌の歴史を語るうえで重要な化石といえるだろう。

世界最古の雄であるコリンボサトンと、卵と幼生を抱えた雌のニムファテリナの化石がともにヘレフォードシャーから発見されたことは偶然ではない。

何度も言うように、多くの動物のペニスは軟組織でできている。それは介形虫類も同じである。つまり、化石に残りにくいはずだ。雌の体内にある卵や幼生も、よほどの条件がそろわないと化石に残ることはない。

しかし、ヘレフォードシャーは、例外的に軟体部の化石を残すことで知られる。こうした化石産地は「化石鉱脈」と呼ばれ、生命史を紐解く際に大きな手がかりとなってきた。世界を見渡せば、ほかにも多くの化石鉱脈が確認されている。例えば、始祖鳥の化石産地として知られるドイツのゾルンフォーフェンが有名である。

もっとも、ヘレフォードシャーの化石は、実は動物のからだそのものが残っているわけではない。この地に堆積している地層は火山灰で、化石はその地層の中に点在する大きさ数ミリメートルから数センチメートルの小さな〝岩塊〟の中にあった。

その小さな岩塊の中では生物本体は腐ってなくなっていたものの、かつて生物がいた空間が残っていた。その空間が鋳型《いがた》となり、結晶が発達した。シヴェターたちはその結晶を解析し、コンピューター上でコリンボサトンやニムファテリナを復元したのだ。

介形虫類の歴史は、コリンボサトンやニムファテリナが生息していたシルル紀の前の時代、古生代オルドビス紀に始まる。

そこから現在に至る4億4000万年の間に出現した種数は、化石種と現生種をあわせて、既知のものだけで約3万3000種。かなりの大所帯で、本書で紹介してきたどの動物群よりも多様性に富む。

豊富な化石、多様な種、殻にみられる雌雄の特徴、観察可能な近縁の現生種……。

介形虫類は古生物学における「性の研究」で、圧倒的な存在感を放っている。

どこでコトに及ぶ？　それが問題だ

アメリカ、ロサンゼルス自然史博物館に所属するアン・C・コヘンとジェームス・G・モリンが1990年にまとめたところによると、現生の介形虫類の交尾姿勢は、なかなか多様である。種によって異なる体位を採用しており、それは次の六つのパターンに大別することができるという。

一つは、雌の背に雄が乗りかかる体位。

一つは、雌の後背に雄が乗りかかる体位。

一つは、雌と雄が互いに逆方向を向き、腹を合わせる体位。

一つは、雌と雄が同じ方向を向き、腹を合わせる体位。

一つは、雌と雄が腹側後部だけをつけ合わせて、前部は反り返るかのように離す体位。

一つは、雌の側方に雄がつく体位。

いずれの体位の場合も、雄がペニスを挿入するためには、雌に自ら殻を開いてもらう必要がある。その際、一部の種の雄は、雌の殻の側面にタッチして、交尾の了承をもらう。そこからようやく、交尾の姿勢へと移行する。雄がいくら交尾をしたくとも、雌による合意が必要だ。

これまでにも、本書では交尾の体位について触れてきた。

絶滅魚類の章で紹介した「互いに後進しながら交尾をするインキソスキュータム」と「胸鰭を絡ませて交尾をするミクロブラキウス」の体位がそれだ。

こうした体位の仮説には、もちろん、それなりの根拠がある。しかし、決定的な証拠に欠けている。なにしろ、誰もその交尾シーンを見たことがない。彼らの属している板皮類というグループは、すでに絶滅しているのだ。

対して介形虫類は、なんと言っても、現生種がいる。現生種を観察することで、交尾の体位を確認することができる。

本章の監修者である金沢大学の神谷隆宏は、1988年と1989年に発表した論文で、介形虫類の殻の形と交尾の体位、そして、交尾の場所に密接な関係があることを明らかにしている。

神谷が注目したのは、三浦半島油壺湾にあるアマモの海中林だ。アマモは海藻の一種であり、砂と泥の混ざった海底から数十センチメートルほどの高さにまで直立する。

そんなアマモの葉上で、葉にしがみつくように暮らす介形虫類が複数種いる。さらに、そのアマモの下の海底でも複数種が暮らしている。念のために補足しておくと、アマモの葉上は波の影響を受けて常に揺れている。一方、海底は波の影響を受けづらく安定している。

神谷はまず、葉上と海底に、お互いに近縁な関係の種（同じ属の種）がいることに気づいた。例えば、葉上に「ロクソコンカ・ジャポニカ（***Loxoconcha japonica***）」という種がいれば、海底には同じロクソコンカ属の別種である「ロクソコンカ・ウラノウチエンシス（***L. uranouchiensis***）」がいる。このペアだけではなく、ほかにも別属の近縁種のペアが葉上と海底でいくつも確認された。

一般的に近縁種は、往々にして姿形が似るものである。だからこそ、同じ「属」として分類される。しかし油壺湾の介形虫類には、属の垣根をこえて、「葉上の種に特有の形」と「海底の種に特有の形」があったのだ。

葉上の種の殻はことごとく、側面から見ると円形や楕円形であり、後ろから見ると丸みを帯びたラグビーボールのような形をしていた。

海底の種の殻は、側面から見ると長方形に近く、後ろから見ると腹面側がほぼ平らになっていた。

神谷は、実験室内でその交尾のようすを観察した。

実際に観察できる！

これこそ、化石種の研究において、現生種が存在する強みである。

その結果、みえてきたのは、近縁種であっても生息場所が異なれば、交尾の体位がまったく異なるということだった。

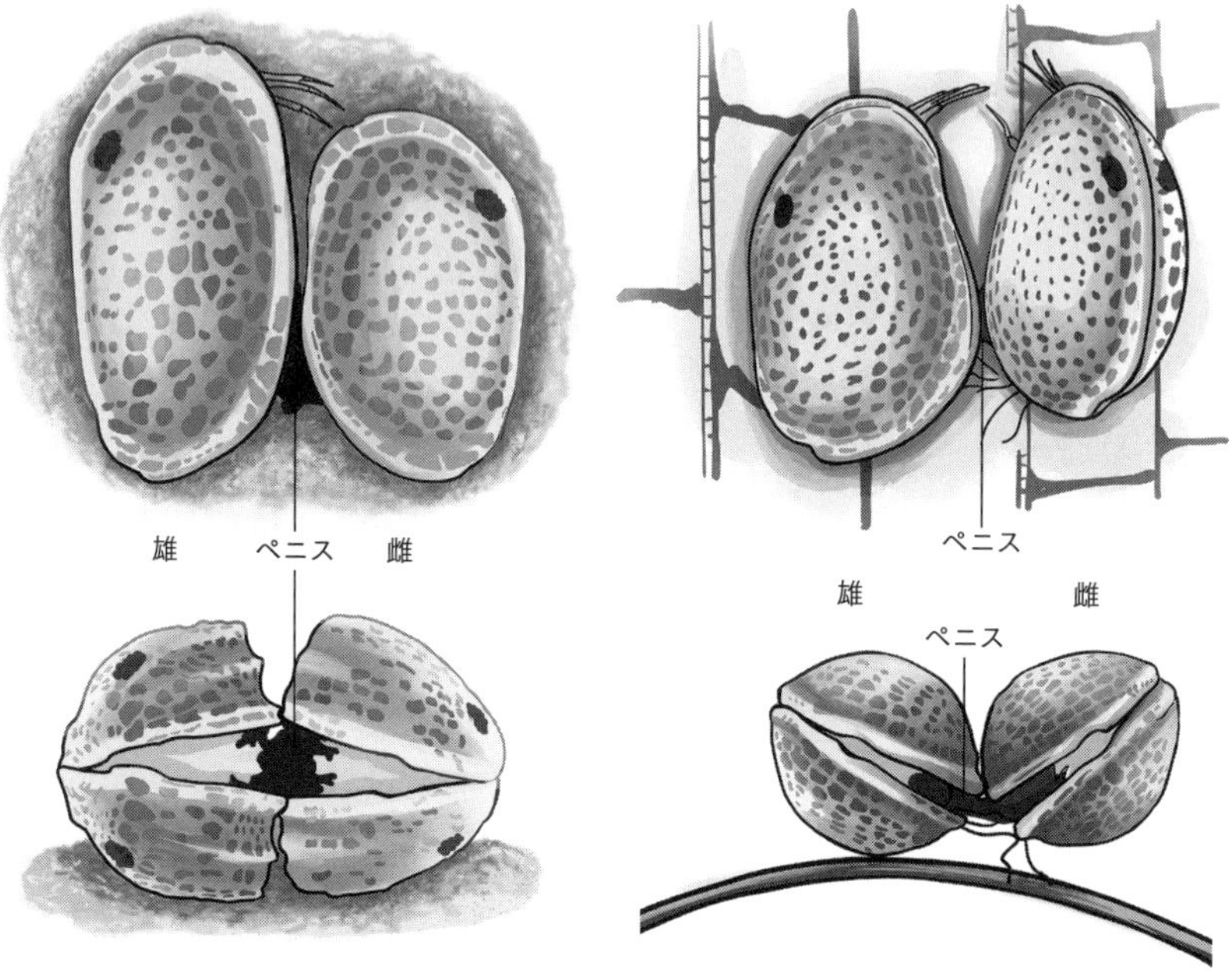

ロクソコンカ属の殻の形と交尾。左は、ウラノウチエンシス、右は、ジャポニカ。それぞれの上段は真上から、下段は真横から見たもの。神谷（1989）を参考に作画。

例えば、葉上で暮らすロクソコンカ・ジャポニカは、雄が雌の殻の側面にアプローチをすると、雌は殻を半開きにして脚を踏ん張る。そして、雄は雌の殻の側面にしがみついてペニスを伸ばし、交尾を始める。交尾時間は、わずかに3秒（以内）。挿入して、精子を出して、終わる。あっという間だ。

一方、海底で暮らすロクソコンカ・ウラノウチエンシスは、ジャポニカの近縁種でありながらも、ジャポニカとはまったく異なる交尾だった。雄のアプローチ後に互いに海底の上に横になるか、時として逆立ちし、平らの腹部をぴたりと重ね合わせて交尾をする。

交尾時間は数分以上、長い場合には30分に及ぶ。ずいぶんゆっくりとしたものだった。

「それぞれの体位は、殻の形と密接な関係がある」と神谷は指摘する。ここが、この研究の肝だ。

ロクソコンカ・ウラノウチエンシスは、海底という〝安定したベッド〟の上で互いの腹部をゆっくりと重ね合わせることができる。そのとき、殻の腹部はともに平らである方が都合が良い。その方が、密着できる。

アマモの葉という〝揺れ動くベッド〟で暮らすロクソコンカ・ジャポニカではそうはいかない。一瞬でもしがみつく力を緩めれば葉から落ちてしまうため、雌は第一にしっかりと踏ん張る必要があるし、雄はその踏ん張りの側面からペニスを挿入するしかない。

そしてこのような交尾では、ウラノウチエンシスのような平らな腹部だと互いの殻の開口部が遠くなってしまう。殻の角《かど》が邪魔をしてペニスが届かない。だからこそ、ジャポニカの殻はラグビーボールのような形をしているのだ。丸みがある分、斜めの位置で接しても互いの殻の開口部が近くなるというメリットがある。

不安定な場所か、安定した場所かという〝ベッドの状態〟が体位を決め、殻の形状を決めている。もちろん、体位や殻の形状を工夫しても、葉上が海底に比べ不安定であることに変わりはない。だからこそ、ジャポニカの雄は挿入後すぐ、急いで射精する必要がある。ウラノウチエンシスのように、ゆっくりと交尾をする余裕はないのだ。

さらなる特徴もある。ロクソコンカ・ジャポニカの脚には、かぎ爪状構造が発達していて、葉にも相手にもしがみつきやすくなっていた。また、そのペニスは、ウラノウチエンシスのペニスよりもはるかに長い。いずれの特徴も、交尾の体位と密接に関係したものだ。

現生種のこうしたデータは、化石種の生態を推測するときの大きな手がかりとなる。

太古の絶滅した介形虫類が、どのような場で、どのような体位で交尾をしていたのか。殻の形状から推理することができるのだ。


ちなみに、ロクソコンカ・ジャポニカたちが暮らすアマモの海中林には、季節の変化がある。秋になると、葉が落ちてしまうのだ。ジャポニカたちにとっては、ベッドというよりも、〝家〟の喪失の危機となる。

神谷によると、この時期のロクソコンカ・ジャポニカは、多産になるという。もともと通年で子づくりをしているが、この時期は〝より頑張る〟らしい。これは、たくさん産むことで、危機的なかでも運よく生き残る子の数をある程度保つ戦略と考えられる。また、ぬけ落ち、海を漂流するアマモの葉に乗り続ける個体もいるという。彼らのなかには、運よく〝新天地〟に着くものもいるそうだ。新たな繁殖地を得るのである。介形虫類のしたたかで、柔軟な繁殖戦略がわかる例といえるだろう。

太古の無性スキャンダル

一般に、性選択による特徴は、雄に発達しやすい。それは、「性的二型」となって、雌雄判別にも役立っている。

介形虫類にも、こうした性的二型を確認できるグループがある。その一つが、「シセレ類（上科）」だ。このグループは、雄の方が雌よりも殻が細長いという特徴がある。

例えば、アメリカに分布する約7800万年前の白亜紀後期の地層から化石が発見されているシセレ類の「ヴェニア・ポンデロサナ（***Veenia ponderosana***）」は、雄の殻の長さが約3・3ミリメートルであることに対して、雌はその15パーセントほど小さい。たかが15パーセントと思うことなかれ。ヒトでいえば、身長170センチメートルの男性と、身長145センチメートルの女性に匹敵するちがいである。この差は大きい。

アメリカ、国立自然史博物館のマリア・ジョアン・フェルナンデス・マルティンスたちは、シセレ類において、性選択がどのように進化に影響を与えたのかを調べ、その結果を2018年に発表した。

シセレ類の現生種は、からだの3分の1から半分を占めるほどの大きな交尾器（ペニス）をもち、殻の後部は、ほぼこのペニスを収納するスペースとなっている。そのため、雄が雌に比べて長大な殻をもつ種（つまり、性的二型が明瞭な種）ほど、雄のペニスも巨大であることがわかっている。このことから、ヴェニア・ポンデロサナのような大きな殻の化石種の雄は、大きなペニスをもっていたとされる。

このマルティンスたちの調査と分析、そしてその研究にもとづいてモデルが構築された結果、ペニスのサイズと〝種の寿命〞に関する新見解がもたらされた。

シセレ類において、雄の殻が大きい種ほど、言い換えれば、性的二型が明瞭なほど、さらに言えば、ペニスが大きいとされる種ほど、「種の存続期間」が短い傾向があることが示されたのである。ここで示されたモデルによれば、性的二型が弱い種の存続期間は、1550万年に達したことに対し、性的二型が強い種のそれは、160万年ほどであるという。

実に9・6倍も、種の寿命に差がある。

つまり、ある種の雄は、進化の過程で大きなペニスを得たものの、結果としてその種は早期に絶滅した、ということになる。ペニスの大型化にかけたコストの代償として、絶滅のリスクも高くなってしまったのではないか、とマルティンスたちは指摘する。なお、現生種の観察からは、ペニスの大型化にともなう利点（大きなペニスでなければならないという理由）は見いだされていない。

どうやらペニスは大きければ良い、というわけではないらしい。

介形虫類の性と進化に関しては、こんな話題もある。

かのチャールズ・ダーウィンの名前を冠した「ダーウィニュラ類（上科）」は、古生代デボン紀と石炭紀の境界にあたる約3億6000万年前に登場した。そして、現生種もいるという、なかなかに長命を誇るグループで、化石種と現生種をあわせて100種を超える多様性がある。

ダーウィニュラ類の歴史を振り返ると、その初期の種には、性的二型があった。しかし、約2億8000万年前の中生代三畳紀後期になると性的二型が消える。

雄がいなくなり、無性生殖になるのだ。それ以降は、2億年にわたって雌だけで進化の歴史をつないでいく。

イギリス、オックスフォード大学のオリヴィア・P・ジュッドソンと、アメリカ、アリゾナ大学のベンジャミン・B・ノルマルクは、1996年に発表した論文で、こうした現象を「Ancient asexual scandals（太古の無性スキャンダル）」と呼んだ。

ジュッドソンとノルマルクの論文では、ダーウィニュラ類のほかにもいくつかの生物群にこうした長期間の無性生殖が確認できるとされている。しかし、これほどの長期間にわたる無性生殖はあり得ないはずなのだ。無性生殖、つまり「クローニング」を長期間にわたってくり返すと、有害な突然変異が〝蓄積〟し、種の保持ができなくなると考えられている。実際、2億年以上の長期間にわたって無性で命を紡いできたグループは、多細胞生物ではダーウィニュラ類だけだ。ダーウィニュラ類は「進化の途中で雄が不要となった多細胞生物」として、無性の最長記録保持者なのである。

2億年以上も雄が不要だったと言われると、同じ雄《オトコ》としては、なんともやるせない思いだ。

しかし、そんなオトコのみなさんに朗報（?）である。実は、2000年代以降、この無性記録に変更が迫られているという。

雄がいたのだ!

2006年、琵琶湖博物館のロビン・J・スミスたちが、屋久島で発見された新種のダーウィニュラ類（現生種）に雄を確認したのである。

その新種は、「ヴェスタレヌラ・コルネリア（***Vestalenula cornelia***）」と名づけられた。古代ローマにあった男子禁制の神殿である「ヴェスタ神殿」と、そんな神殿に仕えながらも、秘密の恋人がいたという「コルネリア」にちなんだ学名である。スミスたちのセンスが光る名前だ。なお、本章監修者の神谷も、この研究のメンバーである。

このとき、スミスたちが確認したヴェスタレヌラ・コルネリアの雄は、殻の長さが0・385〜0・

398ミリメートル、高さが0・181〜0・195ミリメートルだった。対して、雌は、殻の長さが0・423〜0・449ミリメートル、高さが0・202〜0・219ミリメートルであったという。つまり、雄の方が雌よりもひと回り小さい。

ダーウィニュラ類は、現在になって突如として雄が復活したのだろうか？

2億年以上も〝雄なし〟でやってきたのに、今さら雄が必要というのか？

2億年越しの手の平返し？

……いや、どうもそうではないらしい。

スミスたちは、雄の殻の形状が、成熟直前の雌の殻とよく似ていることを指摘した。

実は、介形虫類は脱皮によって成長する動物である。多い場合で8回の脱皮を繰り返し、そして、最後の脱皮を終えたのちに、性差がはっきりと形状に現れる。

ヴェスタレヌラ・コルネリアの場合、性差がはっきりと現れる前の段階の雌と、成熟した雄の殻がかなり似ていた。

これが、ダーウィニュラ類に共通する特徴であるのならば、これまで「成熟直前の雌」とみなしていた個体のなかに、雄の成体が含まれていた可能性がある。2億年を超える無性期間は、雄の小型化にともなう、研究者の見落としだった可能性が出てきたのである。ある意味で「ヒューマンエラー」だったのかもしれない。

これで、ダーウィニュラ類に関する「太古の無性スキャンダル」は解決した……というわけにはいかないところが、厄介な点であり、面白い点である。

雌雄の特徴をしっかりと認識したスミスたちが、改めてヴェスタレヌラ・コルネリアを調べたところ、400個体以上を調査して、雄はわずか3個体しか確認できなかった。圧倒的に雌の多い群集だったのだ。仮に一夫多妻であっても、程度を大きく超えている。

スミスたちは2006年の論文で、この〝不自然な雌雄比〟に関して、いくつかの仮説を述べている。

一つは、「雄は、ある季節の間だけに出現する」というもの。ヴェスタレヌラ・コルネリアの標本を採集した季節は、たまたま雄の少ない季節だったのかもしれない。

一つは、やはり「雄は不要」という説だ。発見された3個体の雄は、実は雄としての役割を果たさない、突発的に出現した個体なのかもしれない。

一つは、「雄は少数でも十分」という説である。雌が数百匹に対して、雄が1匹という割合であっても、雄はかなり〝頑張って〟種の保存に役立っていたのかもしれない。程度のレベルを大きく凌駕した「一夫多妻の強化版」のようなものだ。

いずれにしても、現生種に関しては、「成熟直前の雌」を精査することで、答えがみえてくる。ヴェスタレヌラ・コルネリアだけではなく、他のダーウィニュラ類に関しても、新たな雄を発見することで、このグループの雄の存在意義がわかることだろう。

現生種で明らかなデータが出れば、化石種にそのデータを転用できる。〝2億年の無性記録〟の真相がみえてくるのも、そう遠くないかもしれない。

奔放なまでの性の進化をみせる介形虫類。彼らにとっては、ペニスの位置さえも、自在に変えることができるものらしい。

改めておさらいすると、介形虫類は甲殻類に属し、甲殻類はさらに大きな分類群である節足動物の1グループである。すべての節足動物のからだは、「体節」という単位でからだが構成されている。そして、基本的には、一つの体節から1対の脚を出す。

種によって前後の体節が融合していたり、脚が特殊化したりすることで、節足動物の多様性は生まれている。例えば、クワガタムシのハサミも脚が特殊化したものであり、エビの尻尾もまた然りだ。

介形虫類の場合、殻に包まれたからだのその後半部分は、11の体節でつくられている。このうちの一つの体節から伸びる脚が特殊化して「交尾器」となる。

雄の交尾器は、いわゆる「ペニス」だ。ただし、交尾器自体に生殖機能はない。射精管はともなわず、いざ交尾をするときに、体外に突出する射精管を支える役割を担う。

静岡大学の塚越哲が1998年に発表した研究によると、原始的な介形虫類の交尾器は、雄でも雌でも後ろから7番目の体節の脚が変化したものであるという。

しかし、新生代以降に爆発的に多様化した「ポドコピーナ類（亜目）」という介形虫類では、後ろから2番目の体節の脚が交尾器に変化しているのだ。ちなみに、これは雄だけにみることのできる特徴で、雌の交尾器は、後ろから7番目という旧態然としたものである。

同じ介形虫類でありながら、新旧のグループで雄の交尾器の〝起源〟が異なる。

「言うなれば、見かけ上のペニスの生えている場所が、旧グループと新グループで異なるのです」と本章監修の神谷は話す。

節足動物でこそ違和感が小さいかもしれないが、脊椎動物に置き換えて考えれば大事件である。同じグループなのに、新旧で「ペニスの場所」が異なるなんて……。

なぜ、そんな進化が起きたのだろうか？

原因は、介形虫類の体節の変化にあるようだ。

実は、新グループであるポドコピーナ類では、体節の融合と縮小が進んでいる。その結果、後ろから

7番目という位置では、交尾器を殻の外に出しにくくなった。そこで、雄は交尾器をより出しやすいからだの後端付近に移動させたのではないか、という。ちなみに、交尾器自体もより大型化し、雌との合体がより容易になったと考えられている。

「交尾をしやすくする。そのために、それまであった交尾器を捨てて、他の脚を交尾器にしてしまう。そんな〝荒技〟が、介形虫類のなかで確認できるのです」と神谷は続けた。

言うまでもなく、交尾に使う部位は、種を残すという生物の至上の目的に関係する。そんな大切な部位であっても、必要に応じて変化させてしまう。いや、大切な部位だからこそ変化させるのだろうか。いずれにしろ、ペニスに注目するだけでも、介形虫類の「性の進化」の柔軟性をみてとることができる。

精子は語る

「なぜ、雄が必要か?」と問われれば、極論すれば、精子が必要だからだ。雌雄のある動物において、健康な子孫を残すには、雌の卵子と雄の精子が結合し、遺伝子の組み換えが行われる必要がある。

精子そのものが化石に残ることはほぼないと言っていい。これまで述べてきたように、化石になりやすいのは骨や殻といった硬組織だ。ふにゃふにゃとやわらかい精子は、通常では化石に残らない。

では、精子の歴史を辿る術はないのだろうか？

実は、介形虫類の化石には、この精子に関する情報もある。

精子の化石が残っていたのだ。


化石に残りにくい軟組織。ところが、軟組織でも化石となる状況がいくつかある。

例えば、永久凍土の中に保存される場合だ。この〝天然の冷凍庫〟には、いわゆる「冷凍マンモス」をはじめとして、多くの古生物が肉と内臓を残したまま保存されている。

こうした〝例外的に軟組織が残る状況〟の代表的なものの一つが、「琥珀《こはく》」だ。

琥珀は、針葉樹から流れ出た樹液（いわゆる松脂《まつやに》）が長い年月をかけて固まったものだ。そして固まる際にさまざまな物を取り込むことで、ときに太古の生物が入ったタイムカプセルとなる。よく知られるのは、映画『ジュラシック・パーク』でも描かれた昆虫だろう。ほかにも植物や、小型の動物たちが取り込まれている。近年では、恐竜の尾を取り込んだ琥珀も発見されている。

いずれも、〝生前の姿〟がよく保存されている。

2020年、中国科学院の王賀たちは、39個体の介形虫類を含む琥珀を報告した。

この琥珀はミャンマーに分布する約9880万年前の地層から採掘されたものの一つだ。約9880

万年前といえば、中生代白亜紀後期が始まったばかりである。かの有名な肉食恐竜ティラノサウルスの登場よりも2000万年以上古い。そんな長い眠りから覚めたこの琥珀は、長さ1・75センチメートル、幅1・35センチメートル、高さ4ミリメートルという小さなものだった。

含まれていた39個体の介形虫類には、いずれも軟組織がしっかりと確認できた。王たちの分析の結果、39個体のうち8個体は既知の複数の種で、31個体は同一種とみられるものの未知の種だった。そのため、この31個体には、新たに「ミャンマキプリス・フイ（*Myanmarcypris hui*）」という名前が与えられた。産出地であるミャンマーと、この化石の収集者にちなんだ種名だ（「キプリス」は、介形虫類を構成するグループの一つ）。

31個体のミャンマキプリス・フイのなかには、幼体も成体も、雄も雌もいた。典型的な成体のサイズは雌雄ともに長さ約0・6ミリメートル、高さ約0・4ミリメートル。雌雄を比べると、雌の殻の背には峰がやや発達しているという特徴があった。

注目されたのは、「BA19005-2」という標本番号が与えられた雌の成体である。彼女の体内には、長径0・05ミリメートルほどの卵が4つ確認できた。そして、その卵の近くに密集した精子を確認することができたのだ。

「雌の体内に、なぜ、精子があるのだろうか？」

そう思われる読者もいるだろう。実は、介形虫類の雌の多くは、「貯精嚢《ちょせいのう》」をもっている。雄が雌の体内で放った精子は、卵子に直接届くわけではなく、貯精嚢に一時的に蓄えられるのだ。

「BA19005-2」の貯精嚢では無数の精子が複雑に絡みあっていて、残念ながら、その一つ一つのサイズを正確に測定することはできなかった。しかし、少なくとも、0・2ミリメートルの長さがあることがわかった。

0・2ミリメートルである。

単位が単位なので、うっかり読み飛ばしそうになるが、これは殻サイズの3分の1以上に匹敵する大きさだ。殻サイズを身長160センチメートルのヒトに置き換えれば、その精子の長さは50センチメートルを軽く超えることになる。踵《かかと》から太腿の半ばまでのサイズに相当する。ちなみにヒトの精子の実際の長さは、約0・06ミリメートル。ミャンマキプリス・フイの精子の3割ほどしかない。

王たちは、「BA19005-2」の貯精嚢が精子でいっぱいの状態であったことから、その交尾は、樹液に閉じ込められる直前に成功していたと分析している。……あるいは、交尾に夢中になっていて、樹液の接近に気づかなかったのだろうか。いずれにしろ、「BA19005-2」にその交尾で放たれた精子は、卵子に届くことはなかった。

「BA19005-2」の〝お相手〟は、特定されていない。

しかし、同じ琥珀の中にあった雄の成体が、近縁の現生種と同じような形の強力な射精管をもっていたこと、そして、その射精管の位置や脚の形状も現生種とよく似たものであることがわかっている。

こうした事実は、ミャンマキプリス・フイが近縁の現生種とさほど変わらない交尾を行っていたことを示唆している。すなわち、雄は雌の後背に乗りかかり、ペニスを伸ばして、雌の殻の間から膣内に挿入して射精するというスタイルだ。

キプリス類は、少なくとも約9880万年にわたって、同じ体位で、同じように巨大精子を送り込み、同じように子をなしてきたことになる。

そもそも「キプリス類」は、現生種の観察からも巨大な精子をもつグループとして知られている。

ダーウィニュラ類の雄の発見をしたスミスや神谷たちは、2014年に現生のキプリス類51種の精子の長さを測定し、11・787ミリメートルもの長さのある精子を報告している。

およそ12ミリ!

もはや、「センチ」である。1センチメートル超えともなれば、肉眼で確認できる。10円硬貨の半径ほどの大きさだ。

そんな巨大精子をもつ種の雄の殻の長さは、約3・3ミリメートルしかない。精子の長さの3分の1に満たない。ボールペンのペン先ほどの大きさである。

殻と精子の長さの比率でいえば、測定の対象となった51種のなかには、雄の殻の長さが約0・5ミリメートルに対し、精子の長さが2・334ミリメートルという種も確認された。精子の長さは殻長の約4・3倍に達する。

一括りに「巨大精子」といっても、種によってずいぶんとちがいがあることがわかる。

もっとも、「巨大精子」そのものは、介形虫類の専売特許というわけではない。例えば、ショウジョウバエのある種には、自身の全長の20倍に相当する58・29ミリメートルもの精子をもつものが確認されている。

ただしキプリス類の精子には、他の動物群にはない特徴があった。

精子全体に遺伝情報が詰まっているのだ。

他の動物群の精子において、真に重要な遺伝情報である核領域は、先端にあることが多い。ショウジョウバエの58・29ミリメートルの精子であっても、遺伝情報があるのは先端の0・016ミリメートル部分だけ。残りは移動に使用する鞭毛《べんもう》だ。この0・016ミリメートルだけが卵子に届けば良い。

しかし、キプリス類の精子はちがう。遺伝情報は精子の末端にまである。そのため、受精は精子の先端から末端までのすべてが卵子に入る必要がある。雄が巨大精子をもつ種でも、雌の卵子の大きさはそこまで巨大ではない。つまり、巨大精子がその末端まで卵子に収まるためには、先に突入した先端部分からぐるぐると円を描くように、卵子の中を隙間なく詰めていく必要がある。ちなみにこの精子は、射精にあたって射精管から1本ずつ射出されるらしい。キプリス類には、「ゼンカー器官」と呼ばれるポンプ状の〝射出装置〟がある。この装置を収縮させることで、巨大精子を射精管から押し出すのだ。

キプリス類は、ゼンカー器官が大きくて射精管が長ければ、精子も大きい。

この特徴に注目すれば、精子の化石自体が残っていなくても、巨大精子の歴史をもう少し遡ることができるかもしれない。

ドイツ、ルートヴィヒ・マクシミリアン大学のR・マッツケ・カラッスたちは、ブラジルに分布するサンタナ層から発見されたキプリス類の化石を分析した結果を2009年に発表している。ちなみに、ダーウィニュラ類の研究で名前を挙げたスミスも、この研究チームのメンバーだ。

ブラジルのサンタナ層は、サカナや翼竜類の良質な化石を産出することで有名な白亜紀前期の地層だ。その年代は、約1億1300万年前。ミャンマキプリス・フイを産したミャンマーの地層よりも1000万年以上古い。

マッツケ・カラッスたちは、そんなサンタナ層から採集された殻長0・8ミリメートルのキプリス類、「ハービニア・ミクロパピロサ（***Harbinia micropapillosa***）」の化石に注目し、ホモトモグラフィーを用いて内部構造を観察した。

ホモトモグラフィーは、X線を用いて物体の内部構造を観察する技術だ。CTスキャンと似ている。CTスキャンもX線によって内部構造を探る。ただし、CTスキャンで得ることができるのは、物体の断面画像（2次元の画像）だ。物体内の構造を把握するには、断面画像をより細かく撮影して、それをつなぎ合わせる必要がある。一方、ホモトモグラフィーはCTスキャンの3次元版ともいえるもので、物体の内部構造を立体的に把握できるのだ。

この解析の結果、ハービニア・ミクロパピロサの殻内に長さ0・1ミリメートル強の〝細長い空洞〟が発見された。マッツケ・カラッスたちは、近縁の原生種にも同じようにホモトモグラフィーによる解析を行い、その比較から、〝細長い空洞〟は往時のゼンカー器官のあった場所と特定した。

0・8ミリメートルの殻に、0・1ミリメートル強のゼンカー器官である。

さすがキプリス類というべきか。かなりの大きさだ。

ゼンカー器官があることからもわかるように、このハービニア・ミクロパピロサは雄だ。マッツケ・カラッスたちは、ミクロパピロサの雄3個体に対して分析を行い、3個体すべてに同様の〝大型ゼンカー器官〟を確認している。

また、この研究では、ハービニア・ミクロパピロサの雌2個体も分析対象とされた。そして、その殻の内部には、長径0・2ミリメートル弱の貯精嚢とみられる空洞も確認されている。ミャンマキプリス・フイに関連して紹介した、〝精子の一時保管場所〟だ。貯精嚢内に精子があるかどうかまではわからなかったが、空洞がはっきりと残っているということは貯精嚢が膨らんでいたということであり、それはつまり、内部が精子で満たされていたということだろう。マッツケ・カラッスたちは、そう指摘した。

そして、この貯精嚢の形状も、雄が巨大精子をもつ現生のキプリス類の雌のものとよく似ているという。

大きなゼンカー器官と大きな貯精嚢。

この二つから、マッツケ・カラッスたちは、ハービニア・ミクロパピロサの精子もまた巨大であったと推測した。キプリス類の巨大精子は、遅くても約1億1300万年前までに発達し、その後も現在に至るまで、巨大さを維持し続けてきたことになる。

なぜ、こんなにも長期間にわたって、巨大精子が維持され続けているのか?

スミスたちが2014年に発表した研究の要旨には、次の一文が綴られている。

「No hypothesis satisfactorily explains the origin of giant sperms in ostracods or the longevity of this trait through geological eras, and their existence remains enigmatic.（介形虫類における巨

大精子の起源や地質時代を通じてその巨大さが維持されてきたことを十分に説明できる仮説はなく、その存在は依然として謎に包まれている)」。

介形虫類の〝精子の不思議〟は、キプリス類にとどまらない。

筆者の取材に神谷が見せたのは、精子の電子顕微鏡写真が並んだ1枚のスライドだ。

そこに並ぶ精子は、合計7つ。長いものでは、0・03ミリメートルほど。小さいものは、0・01ミリメートルしかない。キプリス類の巨大精子と比べるとはるかに小さい。形状は、全体にわたって太いものもあれば、糸のように細いもの、途中が大きく膨らむものもある。

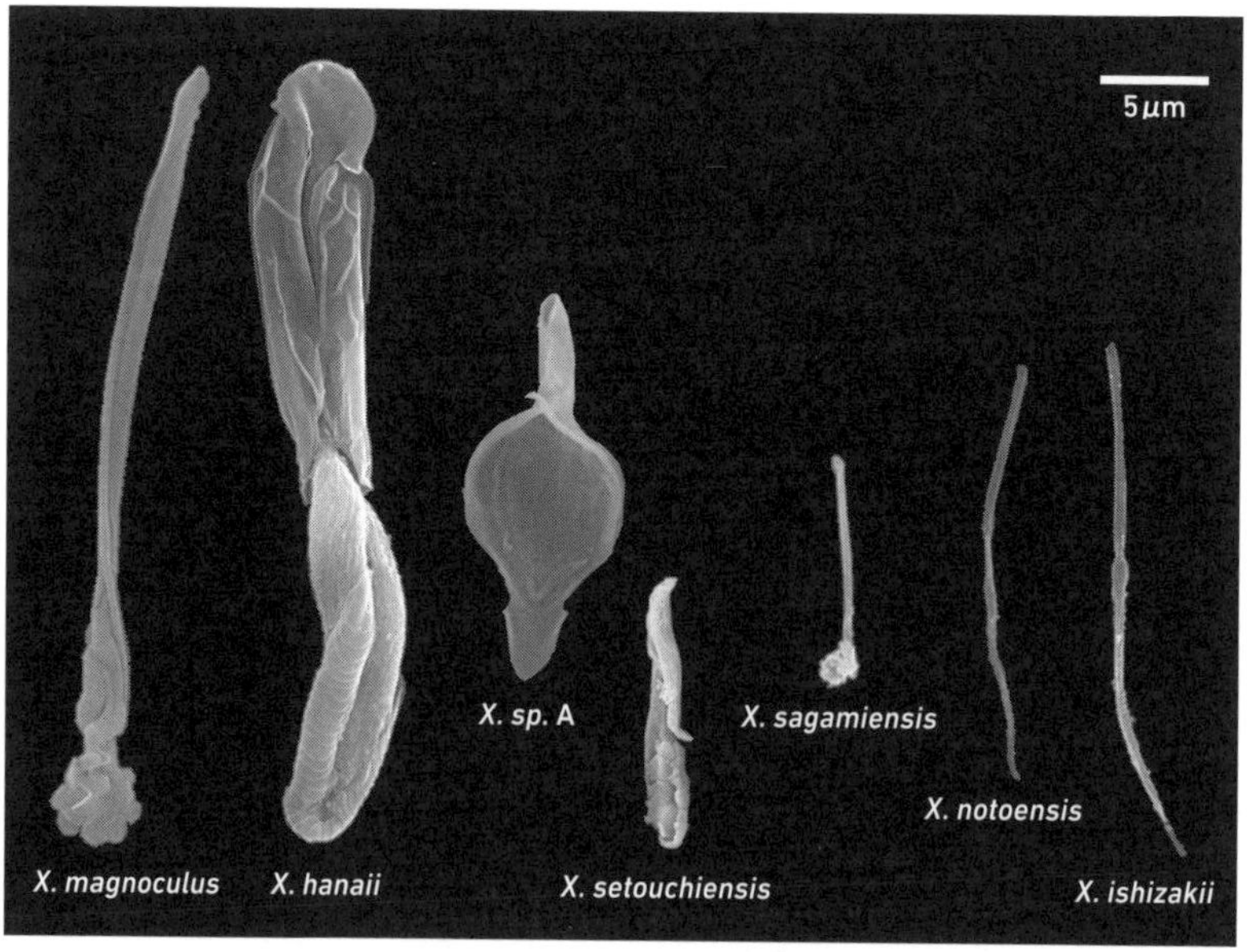

神谷研究室の研究で明らかにされたゼストレベリス属の多様な精子。提供：西田 翔。

「これらは、すべて同じゼストレベリス（***Xestoleberis***）属の精子です」

神谷はそう話す。ゼストレベリス属は、キプリス類に近縁のシセレ類に属している。

同じ「属」ということは、種として極めて近縁であることを意味している。脊椎動物でいえば、タイリクオオカミ（***Canis lupus***）とコヨーテ（***Canis latrans***）みたいなものだ。ともにカニス属のメンバー（同属別種）で、よく似た姿をしている。

同属とは、そういうことだ。ゼストレベリス属の各種も殻の形はもとより、軟組織なども互いによく似ている。

……軟組織がよく似ている同属なのに、精子の形状が不自然なまでに異なっているのだ。


同属でも異なる。本章ではそんな例をすでに紹介した。アマモの海中林に暮らすロクソコンカ属だ。ロクソコンカ属では、交尾姿勢の必然から同属でも種によって殻の形が異なっていた。

では、精子の形状の〝不自然なちがい〟は何を意味するのか。

実は軟組織が似ている者同士では、種が異なっても交尾に至るケースがある。

これは介形虫類に限った話ではなく、介形虫類とはかけ離れた動物群である哺乳類でもある話だ。かつて日本の動物園で、同属別種のライオン（***Panthera leo***）とヒョウ（***Panthera pardus***）を交雑させて「レオポン」という〝雑種〟がつくられた例がある（ただし、この子には繁殖能力がない）。自然界でも哺乳類のこのような異種交配は、10パーセント以上の割合で行われているようだ。また、私たちホモ・サピエンス（*Homo sapiens*）も、その昔、同じホモ属のホモ・ネアンデルターレンシス（*Homo neanderthalensis*）と交尾（性交）をしていたことが、近年の遺伝子解析から明らかになっている。

ペニスや膣の形が類似しているのなら、確かに交尾はできてしまう。

しかし、精子の形状が種によって異なるのであれば！

近縁の異種で交尾をしたとしても、受精には至らないかもしれない。

生物の多様化は、「いかに、孤立させるか」が肝だ。異種間で受精できないことは、それぞれの種が独自の進化を重ね、さらに新たな種を生み出していくことにつながる。

神谷はこう言葉を続ける。

「多様化に成功したグループでは、精子の形態の多様化が起きている可能性があります」

精子こそが、進化と多様化の鍵を握っているのかもしれない。

介形虫類でいえば、長さは異なれど精子の形が似ているキプリス類現生種の多様性は、1700種。一方、ゼストレベリス属のように精子の多様性が激しいとみられているシセレ類現生種の多様性は、1万2000種に及ぶ。桁が違う。

神谷によると、これを介形虫類の属する甲殻類全体に広げてみても、精子が多様な形をしている分類群は、そうではない分類群と比べて桁外れの種の多様性をもつという。

精子の形の多様化が、種の多様化を決めている。

精子の調査から進化のメカニズムに迫るこの新たな学問を、神谷は「進化精子学」と呼んでいる。進化はまず、精子から始まるのかもしれない。

進化精子学が確立し、そして進展することによって、現在の地球の多様性の理由を知ることができるかもしれない。

110万種という圧倒的な多様性を誇る節足動物と、6万種ほどの脊椎動物。この多様性のちがいも、「精子」という視点から明らかになるかもしれない。

神谷や神谷の共同研究者たちは、まずは介形虫類の精子を精査することで、進化精子学の確立をめざしている。

まさに介形虫類は、「男と女の古生物学」の中核にあるのだ。

✿ おわりに

本書の制作も最終盤にかかった2021年秋。恐竜類の性に関する新たな論文が発表されました。

ロイヤル・ティレル古生物学博物館のケイラブ・M・ブラウンさんたちが発表したその研究では、200を超えるティラノサウルス類の頭骨に残された傷痕が調べられました。ブラウンさんたちの分析によると、ティラノサウルス類であれば種を問わずに、頭骨の傷の位置や方向に一致がみられるそうです。しかもそれらの傷は、個体の成長との間に関連性があり、若い個体にはほとんどみられず、成体の60パーセント近くに確認できるとのこと。そして、同種の同サイズの個体によって傷つけられた可能性が高いとのことです。

ブラウンさんたちは、この傷は、雌をめぐる雄たちの闘いの結果ではないか、と指摘しています。

興味深いのは、こうした頭部の傷は、ティラノサウルス類よりもワニ類に近い恐竜たちに同様に確認できる一方で、ティラノサウルス類よりも鳥類に近い小型の恐竜たちには確認できないという点です。

ブラウンさんたちは、恐竜類から鳥類が誕生するその進化の過程において、雌をめぐる雄たちの闘いは、「ワニ類のような〝直接闘争〟」から、「鳥類のような羽を使った〝見せる闘争〟」へと移行したのではないか、と指摘しています。

恋の鞘当てが、文字通りの「鞘当て」から、平和な〝鞘当て〟へ。

動物たちの性に関する進化の一面を垣間見ることができそうです。


如是、古生物学は日進月歩。

この変化が古生物学の楽しさの一端であり、そして、醍醐味の一つです。

太古の性にまつわる様々な研究。

古生物学者たちが果敢に挑み、明らかにしてきた〝営みの記録〟。

お楽しみいただけたでしょうか。


「面白い話がある」

本書は、金沢大学の神谷隆宏先生のこの一言から始まりました。

2019年夏のことです。静岡で開催された日本古生物学会の懇親会で、神谷先生から、そう声をかけていただいたのです。

実は、神谷さんは私にとって、リアルな「先生」のお一人です。何しろ、私の学生時代の所属研究室は、神谷研究室の〝お隣〟であり、ともに合同ゼミを行っていました。研究室所属前は、神谷先生の講義や実習で、古生物学のいろはを学んだものです。私にとって、古生物学の「楽しさ」にハマっていく、その初期の道程が、神谷先生の講義であり、実習でした。

その年の秋、金沢大学を別件で訪問した際に、神谷先生に改めて相談し、恐竜とアンモナイトと絶滅魚類と哺乳類と介形虫の〝性〟に迫るという、本書の企画概形ができました。このとき、アンモナイトの性に関しては、九州大学の前田晴良さんをご紹介いただきました。その後、恐竜の性については、私と二十年来のおつきあいのある北海道大学の小林快次さんに相談したところ、「適任者」として岡山理科大学の千葉謙太郎さんをご紹介いただきました。そして、千葉さんに、筑波大学の田中康平さんをご紹介いただき……とつながっていきます。また、絶滅魚類の章の冨田武照さん（沖縄美ら島財団総合研究センター）と、哺乳類の章の木村由莉さん（国立科学博物館）は過去の企画でもご協力をいただいており、この企画を思いついたときに、私の脳裏にあったお二人です。我ながら縁の強さを感じる企画となりました。

コロナ禍のなかでしたが、監修の皆様には、多大なるお力添えをいただきました。本当にありがとうございます。〝コロナの窓〟が開いたタイミングを狙った慌ただしい取材に応じていただき、また、その後は、メールで密なるご指導を賜りました。感謝いたします。

素晴らしいイラストの数々は、ツク之助さんの作品です。監修の皆様のご指摘を反映し、著者である私も思わず唸るような、良い作品を仕上げていただきました。

ブックデザイナーは、井上大輔さん。表紙の絶妙なフォントに感謝。

妻には、初稿段階でいろいろな指摘をもらいました。

企画始動から約2年間にわたってともに走り抜けた編集者は、ブックマン社の藤本淳子さん。藤本さんとつくる本は、『アノマロカリス解体新書』に続いて2冊目です。『恋する化石』という題名は、藤本さんの案。実に良い名前をつけてくれたものです。

多くの皆様の力が集まって、この1冊となっています。改めて、お礼申し上げます。

そして、最後まで読んでいただいたあなたに、心からの感謝を。

古生物学のもつ、ワクワク感やドキドキ感。知的好奇心をくすぐり、知的探究心へとつながっていく、科学における科楽の側面を少しでもお届けできましたら、著者としてこれに勝る喜びはありません。

古生物学って、面白い。

願わくば、この本を読んだあなたが、「ねぇねぇ、知ってる？」と家族や友人、恋人に、古生物の性について、ついつい話したくなっていますように。

2021年霜月　愛犬たちの寝息を聞きながら　土屋　健

参考文献

もっと詳しく知りたい読者のための参考資料
本書を執筆するにあたり、とくに参考にした主要な文献は次の通り。

Chapter 1

一般書籍

『生き物たちは3/4が好き』著：ジョン・ホイットフィールド，2009年刊行，化学同人

『怪異古生物考』監修：荻野慎諧，著：土屋 健，絵：久 正人，2018年刊行，技術評論社

『化石になりたい』監修：前田晴良，著：土屋 健，2018年刊行，技術評論社

『恐竜学入門』著：David E. Fastovsky，David B. Weishampel，2015年刊行，東京化学同人

『恐竜の教科書』著：ダレン・ナイシュ，ポール・バレット，2019年刊行，創元社

『古生物学事典　第2版』編：日本古生物学会，2010年刊行，朝倉書店

『小学館の図鑑NEO［新版］動物』指導・執筆：三浦慎吾，成島悦雄，伊澤雅子，監修：吉岡 基，室山泰之，北垣憲仁，画：田中豊美ほか，2014年刊行，小学館

『生殖・交尾大全』監修：中川志郎，著：アニマル探偵団，1997年刊行，同文書院

『旧約聖書 創世記』1967年刊行，岩波書店

『ティラノサウルスはすごい』監修：小林快次，著：土屋 健，2015年刊行，文春新書

『日本書紀（上）全現代語訳』1988年刊行，講談社学術文庫

『人間の性はなぜ奇妙に進化したのか』著：ジャレド・ダイアモンド，2013年刊行，草思社

『人間の由来（上）』著：チャールズ・ダーウィン，2016年刊行，講談社学術文庫

『白亜紀の生物 下巻』監修：群馬県立自然史博物館，著：土屋 健，2015年刊行，技術評論社

『美の進化』著：リチャード・O・プラム，2020年刊行，白揚社

『ロミオとジュリエット』著：シェイクスピア，1996年刊行，新潮社

『DINOFEST INTERNATIONAL』 編：Donald L. Wolberg, Edmund Stump, Gary D. Rosenberg, 1997年刊行, Academy of Natural Sciences

『Dinosaur Provincial Park』編：Philip J. Currie，Eva B. Koppelhus，2005年刊行，Indiana University Press

『Dinosaur Systematics』 編：Kenneth Carpenter, Philip J. Currie，1990年刊行，Cambridge University Press

『THE DINOSAURIA』編：David B. Weishampel，Peter Dodson，Halszka Osmólska，1990年刊行，University of California Press

『THE DINOSAURIA 2ed』　編：David B. Weishampel，Peter Dodson，Halszka Osmólska，2004年刊行，University of California Press

『*TYRANNOSAURUS REX* THE TYRANT KING』編：Peter Larson, Kenneth Carpenter, 2008年刊行，Indiana University Press

企画展図録など

『恐竜博2019』国立科学博物館，2019年

学術論文など

Abderrazak El Albani, Stefan Bengtson, Donald E. Canfield, Andrey Bekker, Roberto, Macchiarelli, Arnaud Mazurier, Emma U. Hammarlund, Philippe Boulvais, Jean-Jacques Dupuy, Claude Fontaine, Franz T. Fürsich, François Gauthier-Lafaye, Philippe Janvier, Emmanuelle Javaux, Frantz Ossa Ossa,

Anne-Catherine Pierson-Wickmann, Armelle Riboulleau, Paul Sardini, Daniel Vachard, Martin Whitehouse, Alain Meunier, 2010, Large colonial organisms with coordinated growth in oxygenated environments 2.1 Gyr ago, Nature, vol.466, p100-104

Amy Maxen, 2010, アフリカ西部で最古の多細胞生物発見, Natureダイジェスト, vol.7, no9, p8

Barnum Brown, Erich Maren Schlaikjer, 1940, The structure and relationships of *Protoceratops*, Annals of the New York Academy of Sciences, vol.XL, art3. p133-266

David C. Evans, 2010, Cranial anatomy and systematics of *Hypacrosaurus altispinus*, and a comparative analysis of skull growth in lambeosaurine hadrosaurids (Dinosauria:Ornithischia), Zoological Journal of the Linnean Society, 159, 398–434

Devin M. O'Brien, Cerisse E. Allen, Melissa J. Van Kleeck, David Hone, Robert Knell, Andrew Knapp, Stuart Christiansen, Douglas J. Emlen, 2018, On the evolution of extreme structures: static scaling and the function of sexually selected signals, Animal Behaviour, vol.144, p95-108

Evan Thomas Saitta, 2015, Evidence for Sexual Dimorphism in the Plated Dinosaur *Stegosaurus mjosi* (Ornithischia, Stegosauria) from the Morrison Formation (Upper Jurassic) of Western USA. PLoS ONE, 10(4):e0123503, doi:10.1371/journal. pone.0123503

Holly E. Barden and Susannah C. R. Maidment, 2011, Evidence for Sexual Dimorphism in the Stegosaurian Dinosaur *Kentrosaurus aethiopicus* from the Upper Jurassic of Tanzania, Journal of Vertebrate Paleontology, 31(3), p641-651

John B. Scannellaa,Denver W. Fowler, Mark B. Goodwinc, John R. Horner, 2014, Evolutionary trends in *Triceratops* from the Hell Creek Formation, Montana, PNAS, vol.111, no.28, p10245-10250

John R. Horner,Mark B. Goodwin,2009,Extreme Cranial Ontogeny in the Upper Cretaceous Dinosaur *Pachycephalosaurus*,PLoS ONE,vol.4,no.10,e7626. doi:10.1371/journal. pone.000 7626

Jordan C. Mallon, 2017, Recognizing sexual dimorphism in the fossil record: lessons from nonavian dinosaurs, Paleobiology, p1-13, DOI: 10.1017/pab.2016.51

Mary H. Schweitzer, Jennifer L. Wittmeyer, John R. Horner, Jan K. Toporski, 2005, Gender-Specific Reproductive Tissue in Ratites and *Tyrannosaurus rex*, Science, vol.308, p1456-1460

Mary Higby Schweitzer, Wenxia Zheng, Lindsay Zanno, Sarah Werning, Toshie Sugiyama, Chemistry supports the identification of genderspecific reproductive tissue in *Tyrannosaurus rex*, SCIENTIFIC REPORTS, 6:23099, DOI: 10.1038/srep23099

Matthew F. Bonnan, James Farlow, Simon L. Masters, 2008, Using linear and geometric morphometrics to detect intraspecific variability and sexual dimorphism in femoral shape in *Alligator mississippiensis* and its implications for sexing fossil archosaurs, Journal of Vertebrate Paleontology, 28(2), p422–431

Peter Dodson, 1976, Quantitative Aspects of Relative Growth and Sexual Dimorphism in *Protoceratops*, Journal of Paleontology, vol.50, no.5, p920-940

Peter Larson, 1994, *Tyrannosaurus* sex, DINO FEST, The Paleontological society special publication, no.7, p139-155

Ralph E. Chapman, David B. Weishampel, Gene Hunt, 1997, Sexual dimorphism in dinosaurs, DINO FEST, The Paleontological society special publication, no.7, p83-93

Spencer G. Lucas, Robert M. Sullivan, Adrian P. Hunt, 2006, Re-evaluation of *Pentaceratops* and *Chasmosaurus* (Ornithischia: Ceratopsidae) in the Upper Cretaceous of the Western Interior, ale Cretaceous vertebrates from the Western Interior. New Mexico Museum of Natural History and Science Bulletin 35, p367-370

Takayuki Tashiro, Akizumi Ishida, Masako Hori, Motoko Igisu, Mizuho Koike, Pauline Méjean, Naoto Takahata, Yuji Sano, Tsuyoshi Komiya, 2017, Early trace of life from 3.95 Ga sedimentary rocks in Labrador, Canada, Nature, vol.549, p516-518

W. Scott Persons IV1, Gregory F. Funston1, Philip J. Currie1 & Mark A. Norell, 2015, A possible instance of sexual dimorphism in the tails of two oviraptorosaur dinosaurs, SCIENTIFIC REPORTS, 5 : 9472, DOI: 10.1038/srep09472

Chapter 2

一般書籍

『機能獲得の進化史』監修：群馬県立自然史博物館，著：土屋 健，2021年刊行，みすず書房

『恐竜学者は止まらない!』著：田中康平，2021年刊行，創元社

『恐竜まみれ』著：小林快次，2019年刊行，新潮社

『そして恐竜は鳥になった』監修：小林快次，著：土屋 健，2013年刊行，誠文堂新光社

『オックスフォード動物行動学事典』編：デイヴィド・マクファーランド，1992年刊，どうぶつ社

Webサイト

男性の子育て目的の休暇取得に関する調査研究，内閣府，https://www8.cao.go.jp/shoushi/shoushika/research/r01/zentai-pdf/index.html

プレスリリース

「恐竜が卵を温める方法」を解明! 世界初、低緯度から北極圏まで多様な営巣方法を堆積物から推定，2018年3月16日，名古屋大学，北海道大学

恐竜は群れで巣を守っていた! ～モンゴル ゴビ砂漠でアジア最大規模の獣脚類恐竜の集団営巣跡を発見～，2019年7月10日，筑波大学，北海道大学，兵庫県立人と自然の博物館

北米大陸初の羽毛恐竜の発見と鳥類の翼の起源を解明，2012年10月26日，北海道大学

学術論文など

田中康平, Darla K. Zelenitsky, François Therrien, 小林快次, 2018, 非鳥類型恐竜類から鳥類へ, 営巣方法と営巣行動の変遷, 日本鳥類学会誌, 67（1）, p. 25-40

David J. Varricchio, Jason R. Moore, Gregory M. Erickson, Mark A. Norell, Frankie D. Jackson, John J. Borkowski, 2008, Avian Paternal Care Had Dinosaur Origin, Science, vol. 322, p1826-1828

Darla K. Zelenitsky, François Therrien, Gregory M. Erickson, Christopher L. DeBuhr, Yoshitsugu Kobayashi, David A. Eberth, Frank Hadfield, 2012, Feathered Non-Avian Dinosaurs from North America Provide Insight into Wing Origins, Science, vol.338, p510-514

Geoffrey F. Birchard, Marcello Ruta, D. Charles Deeming, 2013, Evolution of parental incubation behaviour in dinosaurs cannot be inferred from clutch mass in birds. Biol Lett, 9: 20130036.

Gerald Grellet-Tinner, Lucas E. Fiorelli, 2010, A new Argentinean nesting site showing neosauropod dinosaur reproduction in a Cretaceous hydrothermal environment, NATURE COMMUNICATIONS, 1:32, DOI: 10.1038/ncomms1031

Gregory M. Erickson, Darla K. Zelenitsky, David Ian Kay, Mark A. Norell, 2017, Dinosaur incubation periods directly determined from growth-line counts in embryonic teeth show reptilian-grade development, PNAS, www.pnas.org/cgi/doi/10.1073/pnas.1613716114

Jason R. Moore, David J. Varricchio, 2016, The Evolution of Diapsid Reproductive Strategy with Inferences about Extinct Taxa, PLoS ONE, 11(7): e0158496. doi:10.1371/journal.pone.0158496

Jasmina Wiemann, Tzu-ruei Yang, Mark A. Norell, 2018, Dinosaur egg colour had a single evolutionary origin, Nature, vol.563, p555-558

Kohei Tanaka, Darla K. Zelenitsky, François Therrien, Yoshitsugu Kobayashi, 2018, Nest substrate reflects incubation style in extant archosaurs with implications for dinosaur nesting habits, SCIENTIFIC REPORT, 8:3170, DOI:10.1038/s41598-018-21386-x

Kohei Tanaka, Yoshitsugu Kobayashi, Darla K. Zelenitsky, François Therrien, Yuong-Nam Lee, Rinchen Barsbold, Katsuhiro Kubota, Hang-Jae Lee, Tsogtbaatar Chinzorig, Damdinsuren Idersaikhan, 2019, Exceptional preservation of a Late Cretaceous dinosaur nesting site from Mongolia reveals colonial nesting behavior in a non-avian theropod, Geology, 47(9), p843-847

Mark A. Norell, Jasmina Wiemann, Matteo Fabbri, Congyu Yu, Claudia A. Marsicano, Anita Moore-Nall, David J. Varricchio, Diego Pol, Darla K. Zelenitsky, 2020, The first dinosaur egg was soft, Nature, vol.583, p406-410

Martin G. Lockley, Richard T. McCrea, Lisa G. Buckley, Jong Deock Lim, Neffra A. Matthews, Brent H. Breithaupt, Karen J. Houck, Gerard D. Gierliński, Dawid Surmik, Kyung Soo Kim, Lida Xing, Dal Yong Kong, Ken Cart, Jason Martin, Glade Hadden, 2016, Theropod courtship: large scale physical evidence of display arenas and avian-like scrape ceremony behaviour by Cretaceous dinosaurs, SCIENTIFIC REPORTS, 6:18952, DOI: 10.1038/srep18952

Chapter 3

一般書籍

『アンモナイト学』編：国立科学博物館，著：重田康成，2001年刊行，東海大学出版会

『イカ4億年の生存戦略』著：ダナ・スターフ，監修：和二良二，2018年刊行，エクスナレッジ

『貝類学』著：佐々木猛智，2010年刊行，東京大学出版会

『古生物学事典　第2版』編：日本古生物学会，2010年刊行，朝倉書店

『古生物の科学3　古生物の生活史』編：池谷仙之，棚部一成，2001年刊行，朝倉書店

『ゾルンホーフェン化石図譜Ⅰ』著：K. A. フリックヒンガー，2007年刊行，朝倉書店

『世界で一番美しいイカとタコの図鑑』監修：窪寺恒己，解説：峯水 亮，2014年刊行，エクスナレッジ

『生殖・交尾大全』監修：中川志郎，著：アニマル探偵団，1997年刊行，同文書院

『白亜紀の生物　下巻』監修：群馬県立自然史博物館，著：土屋 健，2015年刊行，技術評論社

『Ammonoid Paleobiology』　編：Neil H. Landman, Kazushige Tanabe, Richard Arnold Davis, 1996年刊行，Springer

『Ammonoid Paleobiology: From anatomy to ecology』　編：Christian Klug, Dieter Korn, Kenneth De Baets, Isabelle Kruta, Royal H. Mapes，2015年刊行，Springer

Webサイト

オオヘソオウムガイの交接腕，鳥羽水族館飼育日記，https://diary.aquarium.co.jp/archives/29050

with T（タコ），鳥羽水族館飼育日記，https://diary.aquarium.co.jp/archives/34477

学術論文など

岩田容子, 2012, ヤリイカの繁殖生態に関する研究, 日本水産学会誌, 78(4), p665-668

Christian Klug, Günter Schweigert, Helmut Tischlinger, Helmut Pochmann, 2021, Failed prey or peculiar necrolysis? Isolated ammonite soft body from the Late Jurassic of Eichstätt (Germany) with complete digestive tract and male reproductive organs, Swiss J Palaeontol, 140:3, https://doi.org/10.1186/s13358-020-00215-7

Gayle Scott, 1940, Paleoecological Factors Controlling the Distribution and Mode of Life of Cretaceous Ammonoids in the Texas Area, Journal of Paleontology, Vol.14, No.4, p299-323

Haruyoshi Maeda, 1993, Dimorphism of late Cretaceous false-puzosiine ammonites, *Yokoyamaoceras* Wright and Matsumoto, 1954 and *Neopuzosia* Matsumoto, 1954, Trans. Proc. Palaeont. Soc. Japan, N.S., no.169, p97-128

Henryk Makowski, 1962, Problem of sexual dimorphism in ammonites, Paleontologia Polonica, no.12

J. H. Callomon, 1955, The ammonite succession in the Lower Oxford Clay and Kellaways beds at Kidlington, Oxfordshire, and the zones of the Callovian Stage, Phil. Trans. R. Soc. Lond. B, Vol.239, p215–264

J. H. Callomon, 1963, Sexual dimorphism in Jurassic Ammonites, Reprinted from the transactions of the Leicester literary and Philosophical society, Vol.LVII, p21-56

John B. Reeside Jr, William A. Cobban, 1960, Studies of the Mowry Shale (Cretaceous) and Contemporary Formations in the United States and Canada, geological Survey Professional Paper 355, 235p

Kazushige Tanabe, Neil H. Landman, Royal H. Mapes, Curtis J. Faulkner, 1993, Analysis of a Carboniferous embryonic ammonoid assemblage - implications for ammonoid embryology, Lethaia, vol.26, p215-224

Ryoji Wani, Ken'ichi Kurihara, Krishnan Ayyasami, 2011, Large hatchling size in Cretaceous nautiloids persists across the end-Cretaceous mass extinction: New data of Hercoglossidae hatchlings, Cretaceous Research, 32, 618e622

Chapter 4

一般書籍

『海洋生命5億年史』監修：田中源吾，冨田武照，小西卓哉，田中嘉寛，著：土屋 健，2018年刊行，文藝春秋

『古生物学事典　第2版』編：日本古生物学会，2010年刊行，朝倉書店

『サメー海の王者たちー』著：仲谷一宏，2011年刊行，ブックマン社

『生物学辞典』編集：石川 統，黒岩常祥，塩見正衛，松本忠夫，守 隆夫，八杉貞雄，山本正幸，2010年刊行，東京化学同人

『石炭紀・ペルム紀の生物』監修：群馬県立自然史博物館，著：土屋 健，2014年刊行，技術評論社

『オックスフォード動物行動学事典』編：デイヴィド・マクファーランド，1992年刊，どうぶつ社

『PLACODERMI（HANDBOOK OF PALEOICHTHYOLOGY VOLUME 2)』著：Robert Denison，1997年刊行（2017年電子版刊行），Lubrecht & Cramer Ltd

『THE DAWN OF THE DEED』著：John A. Long，2012年刊行，Univ of Chicago Pr.

雑誌記事

セックスのはじまり，J. A. ロング，日経サイエンス，2011年4月号，p34-41

Webサイト

子宮内共食いなど「サメの共食い」恐怖の実態，アリストス・ジョージャウ，2019年7月16日，Newsweek，https://www.newsweekjapan.jp/stories/world/2019/07/post-12543.php

学術論文など

M. I. Coates, S. E. K. Sequeira, 2001, A new stethacanthid chondrichthyan from the lower Carboniferous of Bearsden, Scotland, Journal of Vertebrate Paleontology, 21(3), p438-459

Eileen D. Grogan, Richard Lund, 1997, Soft tissue pigments of the upper Mississippian chondrenchelyid, *Harpagofututor volsellorhinus* (Chondrichthyes, Holocephali) from the Bear Gulch Limestone, Montana, United States, Journal of Paleontology, vol.71, no.2, p337-342

Eileen D. Grogan, Richard Lund, 2011, Superfoetative viviparity in a Carboniferous chondrichthyan and reproduction in early gnathostomes, Zoological Journal of the Linnean Society, 161, p587–594

John A. Long, Elga Mark-Kurik, Zerina Johanson, Michael S. Y. Lee, Gavin C. Young, Zhu Min, Per E. Ahlberg, Michael Newman, Roger Jones, Jan den Blaauwen, Brian Choo, Kate Trinajstic, 2015, Copulation in antiarch placoderms and the origin of gnathostome internal fertilization, nature, vol.517, p196-199

John A. Long, Kate Trinajstic, Gavin C. Young, Tim Senden, 2008, Live birth in the Devonian period, nature, Vol.453, p650-653

John A. Long, Kate Trinajstic, Zerina Johanson, 2009, Devonian arthrodire embryos and the origin of internal fertilization in vertebrates, nature, Vol.457, p1124-1127

John G. Maisey, The spine-brush complex in symmoriiform sharks (Chondrichthyes; Symmoriiformes), with comments on dorsal fin modularity, Journal of Vertebrate Paleontology, 29:1, p14-24

Kate Trinajstic, Catherine Boisvert, John Long, Anton Maksimenko, Zerina Johanson, 2015, Pelvic and reproductive structures in placoderms (stem gnathostomes) , Biol Rev Camb Philos Soc, 90(2), p467-501

Kathleen Roellig, Frank Goeritz, Joerns Fickel, Robert Hermes, Heribert Hofer, Thomas B. Hildebrandt, 2010, superconception in mammalian pregnancy can be detected and increases reproductive output per breeding season, NATURE COMMUNICATIONS, 1:78, DoI: 10.1038/ncomms1079

Min Zhu, Xiaobo Yu, Per Erik Ahlberg, Brian Choo, Jing Lu, Tuo Qiao, Qingming Qu, Wenjin Zhao, Liantao Jia, Henning Blom, You'an Zhu, 2013, A Silurian placoderm with osteichthyan-like marginal jaw bones, nature, vol.502, p188-193

Per Ahlberg, Kate Trinajstic, Zerina Johanson, John Long, 2009, Pelvic claspers confirm chondrichthyan-like internal fertilization in arthrodires, nature, Vol.460, p888-889

Richard Lund, 1984, On the spines of the Stethacanthidae (Chondrichthyes), with a description of a new genus from the Mississippian Bear Gulch Limestone, Geobios, 17(3), p281-295

Richard Lund, 1985, The morphology of *Falcatus falcatus* (St. John and Worthen), a Mississippian stethacanthid chondrichthyan from the Bear Gulch Limestone of Montana, Journal of Vertebrate Paleontology, 5:1, 1-19

Robert K. Carr, Gary Jackson, 2018, A preliminary note of egg-case oviparity in a Devonian placoderm fish, Acta Geologica Polonica, Vol.68, no.3, p381–389

Roger S. Miles, 1967, Observations on the ptyctodont fish, *Rhamphodopsis* Watson, J. Linn. Soc.(Zool.), Vol.47, no.311, p99-120

R. S. Miles, G. C. Young, 1977, Placoderm interrelationships reconsidered in the light of new ptycodontids from Gogo, Western Australia, Problems in Vertebrate Evolution, p123-198

Chapter 5

一般書籍

『おっぱいの進化史』著：浦島 匡，並木美砂子，福田健二，2017年刊行，技術評論社

『カモノハシの博物誌』著：浅原正和，2020年刊行，技術評論社

『ジュラ紀の生物』監修：群馬県立自然史博物館，著：土屋 健，2015年刊行，技術評論社

『小学館の図鑑NEO［新版］動物』指導・執筆：三浦慎吾，成島悦雄，伊澤雅子，監修：吉岡 基，室山泰之，北垣憲仁，画：田中豊美ほか，2014年刊行，小学館

『新版 絶滅哺乳類図鑑』著：冨田幸光，伊藤丙雄，岡本泰子，2011年刊行，丸善出版

『石炭紀・ペルム紀の生物』監修：群馬県立自然史博物館，著：土屋 健，2014年刊行，技術評論社

『どうぶつのおちんちん学』監修：浅利昌男，2018年刊行，緑書房

『わたしは哺乳類です』著：リアム・ドリュー，2019年刊行，インターシフト

Webサイト

平成27年度 乳幼児栄養調査結果の概要，厚生労働省，https://www.mhlw.go.jp/stf/seisakunitsuite/bunya/0000134208.html

学術論文など

足立 達，1987，乳糖不耐症と牛乳の飲み方，日本家政学会誌，Vol.38, no.1，p77-82

長谷川善和, 2007, 松本市四賀の中部中新統から産出した大型baculumについて, 群馬県立自然史博物館研究報告, no11, p37-42

Alan Dixson, Jenna Nyholt, Matt Anderson, 2004, A positive relationship between baculum length and prolonged intromission patterns in mammals, Acta Zoologica Sinica, 50(4), p490-503

Christine Austin, Tanya M. Smith, Asa Bradman, Katie Hinde, Renaud Joannes-Boyau, David Bishop, Dominic J. Hare, Philip Doble, Brenda Eskenazi, Manish Arora, 2013, Barium distributions in teeth reveal early-life dietary transitions in primates, p216-220

Christophe M. Lefèvre, Julie A. Sharp, Kevin R. Nicholas, 2010, Evolution of Lactation: Ancient Origin and Extreme Adaptations of the Lactation System, Annu. Rev. Genomics Hum. Genet., Vol.11, p219–238

Connor J. Burgin, Jocelyn P. Colella, Philip L. Kahn, Nathan S. Upham, 2018, How many species of mammals are there?, Journal of Mammalogy, Vol.99, Issue1, p1–14

Corwin Sullivan, Robert R. Reisz, Roger M. H. Smith, 2003, The Permian mammal-like herbivore *Diictodon*, the oldest known example of sexually dimorphic armament, Proc. R. Soc. Lond. B, 270, p173–178

Leigh W. Simmons, Renée C. Firman, 2013, Experimental evidence for the evolution of the Mammalian baculum by sexual selection, Evolution, 68-1, p276–283

Nicholas G. Schultz, Michael Lough-Stevens, Eric Abreu, Teri Orr, Matthew D. Deanm, 2016, The Baculum was Gained and Lost Multiple Times during Mammalian Evolution, Integrative and Comparative Biology, Vol.56, Issue4, p644-656

Norman Kretchmer, 1989, Invited Editorial: Expression of Lactase during Development, . Am. J. Hum. Genet, . 45, p487-488

Olav T. Oftedal, 2002, The Mammary Gland and Its Origin During Synapsid Evolution, Journal of Mammary Gland Biology and Neoplasia, Vol.7, no. 3, p225-252

Paula Stockley, 2012, The baculum, Current Biology, Vol.22, no.24, R1032-R1033

Shundong Bi, Xiaoting Zheng, Xiaoli Wang, Natalie E. Cignetti, Shiling Yang, John R. Wible, 2018, An Early Cretaceous eutherian and the placental–marsupial dichotomy, Vol.558, p390-395

S. Larivière, S. H. Ferguson, 2002, On the evolution of the mammalian baculum: vaginal friction, prolonged intromission or induced ovulation?, Mammal Rev., Vol.32, no.4, p283–294

Steven A. Ramm, 2007, Sexual Selection and Genital Evolution in Mammals: A Phylogenetic Analysis of Baculum Length, The American Naturalist, Vol.169, no.3, p360-369

Teri J. Orr, Patricia L. R. Brennan, 2016, All Features Great and Small—the Potential Roles of the Baculum and Penile Spines in Mammals, Integrative and Comparative Biology, Vol.56, Issue4, p635–643

Yuval Itan, Adam Powell, Mark A. Beaumont, Joachim Burger, Mark G. Thomas, 2009, The Origins of Lactase Persistence in Europe, PLoS Comput Biol, 5(8): e1000491. doi:10.1371/journal.pcbi.1000491

Zhe-Xi Luo, 2007, Transformation and diversification in early mammal evolution, nature, vol. 450, p1011-1019

Chapter 6

一般書籍

『オルドビス紀・シルル紀の生物』監修：群馬県立自然史博物館，著：土屋 健，2013年刊行，技術評論社

『化石になりたい』監修：前田晴良，著：土屋 健，2018年刊行，技術評論社

『世界神話伝説大事典』編：篠田知和基，丸山顯德，2016年刊行，勉誠出版

『小学館の図鑑NEO 人間 いのちの歴史』指導・執筆：松村譲兒，唐澤眞弓，池谷裕二，渡辺 博，遠藤秀紀，牛木辰男，助言・協力：横山 正，大高延子，画：今﨑和弘，月本佳代美ほか，2006年刊行，小学館

『微化石』編：谷村好洋，辻 彰洋，2012年刊行，東海大学出版会

『微化石の科学』著：ハワード・A・アームストロング，マーティン・D・ブレイジャー，2007年刊行，朝倉書店

プレスリリース

日本最古のカップル 4億年以上前の小さな甲殻類の雌雄，日本で発見，2018年11月9日，金沢大学

Webサイト

アフリカ人にもネアンデルタール人DNA、定説覆す，NATIONAL GEOGRAPHIC，2020年2月3日，https://natgeo.nikkeibp.co.jp/atcl/news/20/020300072/?P=1

学術論文など

神谷隆宏，1989，藻場の介形虫類の機能形態 — 特に生殖行動との関連について—，日本ベントス研究会誌，35/36，p75-88

塚越 哲，1998，体節からわかる貝形虫類の体制の進化，生物科学，第49号，第4号，p199-205

Anne C. Cohen, James G. Morin, 1990, Patterns of Reproduction in Ostracodes: A Review, Journal of Crustacean Biology, Vol.10, no.2, p184-211

David J. Siveter, Derek J. Siveter, Mark D. Sutton, Derek E. G. Briggs, 2007, Brood care in a Silurian ostracod, Proc. R. Soc. B, 274, p465–469

David J. Siveter, Gengo Tanaka, Mark Williams, Peep Männik, 2018, Japan's earliest ostracods, Island Arc, e12284

David J. Siveter, Mark D. Sutton, Derek E. G. Briggs, Derek J. Siveter, 2003, An Ostracode Crustacean with Soft Parts from the Lower Silurian, Science, vol.302, p1749-1751

He Wang, Renate Matzke-Karasz, David J. Horne, Xiangdong Zhao, Meizhen Cao, Haichun Zhang, Bo Wang, 2020 Exceptional preservation of reproductive organs and giant sperm in Cretaceous ostracods, Proc. R. Soc. B, 287: 20201661

Maria João Fernandes Martins, T. Markham Puckett, Rowan Lockwood, John P. Swaddle, Gene Hunt, 2018, High male sexual investment as a driver of extinction in fossil ostracods, nature, Vol.556, p366-369

M. Macholán, 2013, Hybridization, Organismal, Brenner's Encyclopedia of Genetics, 2nd edition, Vol.3, p594-597

Olivia P. Judson, Benjamin B. Normark, 1996, Ancient asexual scandals, Trends in Ecology & Evolution, Vol.11, Issue2, p41-46

R. Matzke-Karasz, R. J. Smith, R. Symonova, C. G. Miller, P. Tafforeau, 2009, Sexual Intercourse Involving Giant Sperm in Cretaceous Ostracode, Science, Vol.324, p1535

Robin J. Smith, Renate Matzke-Karasz, Takahiro Kamiya, Patrick De Deckker, 2014, Sperm lengths of non-marine cypridoidean ostracods (Crustacea), Acta Zoologica (Stockholm), Vol.97, p1-17

Robin J. Smith, Takahiro Kamiya, David J. Horne, 2006, Living males of the 'ancient asexual' Darwinulidae (Ostracoda: Crustacea), Proc. R. Soc. B, 273, p1569–1578

Takahiro Kamiya, 1988, Morphological and Ethological Adaptations of Ostracoda to Microhabitats in *Zostera* Beds, Developments in Palaeontology and Stratigraphy, Vol.11, p303-318

おわりに

学術論文など

Caleb M. Brown, Philip J. Currie, François Therrien, 2021, Intraspecific facial bite marks in tyrannosaurids provide insight into sexual maturity and evolution of bird-like intersexual display, Paleobiology, p1–32. DOI: 10.1017/pab.2021.29

※本書に登場する年代値は、とくに断りのない限り、International Commission on Stratigraphy, 2021/05, INTERNATIONAL STRATIGRAPHIC CHART を使用している。

※本文中で紹介されている論文等の執筆者の所属は、とくに言及がない限り、その論文の発表時点のものであり、必ずしも現在の所属ではない点に注意されたい。

索　引

図版掲載ページは太数字

学名一覧表

Agujaceratops mariscalensis	アグジャケラトプス・マリスカレンシス
Akmonistion	アクモニスティオン
Austroptyctodus	オウストロプティクトダス
Centrosaurus apertus	セントロサウルス・アパータス
Chasmosaurus	カスモサウルス
C. mariscalensis	C・マリスカレンシス
Cladoselache	クラドセラケ
Clintiella	クリンティエラ
C. antifrigga	C・アンチフリッガ
Colymbosathon	コリンボサトン
Corythosaurus	コリトサウルス
Cosmoceras	コスモセラス
C. (C.) spinosum	C・(C)・スピノスム
C.(Spinicosmoceras) annulatum	C・(スピニコスモセラス)・アヌラトゥム
Dracorex hogwartsia	ドラコレックス・ホグワーシア
Dunkleosteus	ダンクルオステウス
Engonoceras	エンゴノセラス
Entelognathus	エンテログナトゥス
Falcatus	ファルカトゥス
Harbinia micropapillosa	ハービニア・ミクロパピロサ
Harpagofututor	ハーパゴフトゥトア
Hesperosaurus mjosi	ヘスペロサウルス・ミョーシ
Homo neanderthalensis	ホモ・ネアンデルタレンシス
Homo sapiens	ホモ・サピエンス
Hypacanthoplites	ハイパカントプライテス
Hypacrosaurus	ヒパクロサウルス
Incisoscutum	インキソスキュータム
Juramaia	ジュラマイア
Kamptokephalites	カムプトケファライテス
Kentrosaurus	ケントロサウルス
Khaan	カーン
Lambeosaurus	ランベオサウルス
Loxoconcha	ロクソコンカ
L. japonica	L・ジャポニカ
L. uranouchiensis	L・ウラノウチエンシス
Macrocephalites	マクロセファライテス
Materpiscis	マテルピスキス
Microbrachius	ミクロブラキウス
Myanmarcypris hui	ミャンマキプリス・フイ
Neogastroplites	ネオガストロプライテス
N.americanus	N・アメリカヌス
Nymphatelina	ニムファテリナ
Oecoptychius	オエコプティキウス
Ornithomimus	オルニトミムス
Pachycephalosaurus wyomingensis	パキケファロサウルス・ワイオミンゲンシス
Parasaurolophus	パラサウロロフス
Phlycticeras	フリクティセラス
Phylloceras	フィロセラス
Protoceratops	プロトケラトプス
Rhamphodopsis	ランフォドプシス
Stegosaurus	ステゴサウルス
S. mjosi	S・ミョーシ
Stygimoloch spinifer	スティギモロク・スピニファー
Styracosaurus albertensis	スティラコサウルス・アルバーテンシス
Subplanites	サブプラニテス
Therizinosaurus	テリジノサウルス
Triceratops	トリケラトプス
T. flabellatus	T・フラベラトゥス
T. horridus	T・ホリダス
T. prorsus	T・プロルスス
T. serratus	T・セラットゥス
Tyrannosaurus	ティラノサウルス
Veenia ponderosana	ヴェニア・ポンデロサナ
Vestalenula cornelia	ヴェスタレヌラ・コルネリア
Yokoyamaoceras ishikawai	ヨコヤマオセラス・イシカワイ
Xestoleberis	ゼストレベリス

【監修】

Chapter 1：恐竜の章①

千葉謙太郎（ちば・けんたろう）

岡山理科大学生物地球学部生物地球学科講師。これまで、カナダ、アメリカ、モンゴルなどで発掘を行い、角竜類恐竜の分類と進化や骨の内部構造に基づいて古生物の生理・生態の復元に関する研究を行っている。1985年北海道札幌市生まれ。2008年東北大学理学部卒業、2011年北海道大学理学院修士課程修了。2018年トロント大学大学院生態学進化生物学科にて博士号取得。監訳書に『恐竜の教科書』（共監訳、創元社）、監修に『角川の集める図鑑 GET! 恐竜』（共監修、KADOKAWA）など。

Chapter 2：恐竜の章②

田中康平（たなか・こうへい）

1985年名古屋市生まれ。2017年カルガリー大学地球科学科修了（Ph.D.）。筑波大学生命環境系助教。恐竜の繁殖行動や子育ての研究を中心に、恐竜の進化や生態を研究している。主な著書に『恐竜学者は止まらない！ 読み解け、卵化石ミステリー』（創元社）、『恐竜の教科書』（共監訳、創元社）、『いまさら恐竜入門』（監修、西東社）など。NHKラジオ「子ども科学電話相談」の回答者としても活躍中。

【著者】

土屋 健（つちや・けん）

サイエンスライター。オフィス ジオパレオント代表。日本地質学会員。日本古生物学会員。日本文藝家協会員。埼玉県出身。金沢大学大学院自然科学研究科で修士（理学）を取得（専門は、地質学、古生物学）。その後、科学雑誌『Newton』の編集記者、部長代理を経て、現職。愛犬たちと散歩・昼寝を日課とする。2019年にサイエンスライターとして史上初となる日本古生物学会貢献賞を受賞。近著に『地球生命 水際の興亡史』（技術評論社）など。

【絵】

ツク之助（つくのすけ）

いきものイラストレーター。爬虫類や古生物を中心に生物全般の復元画や商品デザインを描く。著書に絵本『とかげくんのしっぽ』、『フトアゴちゃんのパーティー』（共にイースト・プレス）。イラストを担当した書籍に、『イモリとヤモリ どこがちがうか、わかる？』（新樹社）、『マンボウのひみつ』（岩波ジュニア新書）、『小学館　はじめての国語辞典』（小学館）、『恐竜・古生物ビフォーアフター』（イースト・プレス）など。爬虫類のカプセルトイシリーズ（バンダイ）も展開。

Chapter 3：アンモナイトの章

前田晴良（まえだ・はるよし）

九州大学総合研究博物館・教授。高校野球西東京大会ベスト8進出（外野手）。理学博士(東京大学)。元日本古生物学会会長。アンモナイトにはまり、化石（＝石道《ごくどう》）から足を洗えずに今日に至る。1年のうち最低2ヶ月は、化石を求めて国内外を放浪している。特に最近では、皮膚・筋肉・付属肢など軟体部の痕跡が残された化石を探し歩いている。

Chapter 4：絶滅魚類の章

冨田武照（とみた・たけてる）

1982年生まれ。神奈川県出身。博士（理学）。2011年に東京大学・理学系研究科地球惑星科学専攻・博士課程を修了。その後、北海道大学総合博物館、カリフォルニア大学デービス校、フロリダ州立大学研究員を経て、2015年より（一財）沖縄美ら島財団総合研究センター研究員。沖縄美ら海水族館で飼育される板鰓類を中心に、軟骨魚類の進化学、機能形態学的研究を行う。

Chapter 5：哺乳類の章

木村由莉（きむら・ゆり）

国立科学博物館地学研究部生命進化史研究グループ研究主幹。早稲田大学教育学部地球科学専修卒業。アメリカ・サザンメソジスト大学地球科学科にて修士号・博士号を取得。専門は、化石哺乳類の進化史・古生態・古環境。フィールド・ベースの古生物学者にあこがれ、古生物学の世界に飛び込んだ。著書に『もがいて、もがいて、古生物学者!!　みんなが恐竜博士になれるわけじゃないから』(ブックマン社)。

Chapter 6：介形虫の章

神谷隆宏（かみや・たかひろ）

金沢大学理工研究域地球社会基盤学系教授。静岡大学理学部地球科学科卒業。東京大学大学院理学系研究科地質学専門課程博士課程修了（理学博士）。学部生時代に介形虫と出会い、以来40年にわたって介形虫の分類・生態・進化の研究を続けてきた。近年は、日本海の環境変化が進化に果たした役割と、精子の種隔離機構に興味を持っている。

恋する化石
「男」と「女」の古生物学

2021年12月22日　初版第一刷発行

著者　土屋 健
絵　ツク之助
監修　千葉謙太郎
田中康平
前田晴良
冨田武照
木村由莉
神谷隆宏

デザイン　井上大輔（GRID）
校正　櫻井健司
編集　藤本淳子

印刷・製本　凸版印刷株式会社

発行者　石川達也
発行所　株式会社ブックマン社
〒101-0065 千代田区西神田3-3-5
TEL 03-3237-7777　FAX 03-5226-9599
https://bookman.co.jp

ISBN978-4-89308-946-5